职业院校智能楼宇专业选修课教材

智能楼宇门禁系统应用技术

蔡江涛◎主编

·杭州·

图书在版编目(CIP)数据

智能楼宇门禁系统应用技术 / 蔡江涛主编. —杭州:浙江工商大学出版社,2020.9(2024.12重印)
ISBN 978-7-5178-3991-0

Ⅰ. ①智… Ⅱ. ①蔡… Ⅲ. ①智能化建筑—安全设备—自动控制系统 Ⅳ. ①TU89

中国版本图书馆CIP数据核字(2020)第145190号

智能楼宇门禁系统应用技术
ZHINENG LOUYU MENJIN XITONG YINGYONG JISHU
蔡江涛 主编

责任编辑 厉 勇
封面设计 雪 青
责任校对 熊静文
责任印制 包建辉
出版发行 浙江工商大学出版社
(杭州市教工路198号 邮政编码310012)
(E-mail:zjgsupress@163.com)
(网址:http://www.zjgsupress.com)
电话:0571-88904980,88831806(传真)
排 版 杭州朝曦图文设计有限公司
印 刷 广东虎彩云印刷有限公司绍兴分公司
开 本 787mm×1092mm 1/16
印 张 11.75
字 数 235千
版 印 次 2020年9月第1版 2024年12月第3次印刷
书 号 ISBN 978-7-5178-3991-0
定 价 50.00元

前　言

本书是中等职业技术学校智能楼宇专业安防系列的门禁教材之一，由学校一线教师通过大量教学实践编写而成。为适应现代职业教育的特点，体现职业教育“做中学，做中教”的理念，本书采用项目教学，通过现实可行的实训项目，将知识点贯穿于任务过程中。

本书有智能楼宇门禁系统七个学习项目，每个项目均设有项目目标，以便学生明确项目学习的内容要求，增强学习的针对性。每个项目都围绕学习任务组织教学，每个学习任务均按以下栏目有序展开。

任务情景：通过具体的生活情景，学生更易进入项目知识的学习，产生学习兴趣。

任务准备：将应知内容或应会技能进行归纳、解释或描述，突出学习重点，为技能实训做好准备。

任务实施：通过大量图表展示完成任务的步骤，可操作性强，培养学生专业技能，渗透职业意识，形成职业能力。

知识拓展：对教学内容进行必要的延伸和补充，进一步拓展学生的知识与技能。

任务评价：为学习效果的综合性评价提供参照，通过评价促进学生技能规范和学习习惯的养成，提高任务操作的效益，为建立过程性评价体系做好准备。

练一练：通过课上或课下练习，学生可以加强对任务内容的巩固，增强学习效果。

本书由舟山职业技术学校蔡江涛主编，金明敏、张杰、张誉耀、陈虞鸿任副主编。编写分工如下：蔡江涛编写项目一、六、七，金明敏编写项目二、三，张杰编写项目四，张誉耀编写项目五，陈虞鸿编写附录并完成统稿。在本书的编写过程中，舟山信晨智能有限公司、舟山兴港物业有限公司共同参与合作，给予技术上的支持，并提出了宝贵的修改意见，为提高本书质量起到很好的作用，在此表示衷心的感谢！

由于编者学识和水平有限，错漏之处在所难免，敬请批评指正，读者意见反馈邮箱cjt4215@163.com。

编　者

2020年5月

目 录

项目一　认识智能楼宇门禁系统

项目目标

1. 熟悉门禁在不同领域的应用。
2. 了解门禁的发展及分类。
3. 了解门禁系统的功能与意义。

任务情景

“门”通常指建筑物的出入口或安装在出入口能开关的装置，“门”是分割有限空间的一种实体，它的作用是连接和关闭两个或多个空间的出入口。广义来说，“门”包括能够通行的各种通道，包括人通行的门、车辆通行的门等。

门禁是指“门”的禁止权限，是对“门”的戒备防范。门禁在古代就有记载，北魏朝郦道元《水经注·谷水》：“曹子建尝行御街，犯门禁，以此见薄。”宋朝吴自牧《梦粱录·大内》：“门禁严甚，守把铃束，人无敢辄入仰视。”明朝叶盛《水东日记·记杀马顺等事》：“殊不知因大驾出后，门禁颇严。”

门禁系统，又称出入管理控制系统（ACCESS CONTROL SYSTEM），是一种管理人员或车辆进出的智能化管理系统。它集合了现代安全管理措施和微机自动识别技术，是机械、通信技术、计算机技术、电子、光学、生物技术等诸多先进技术在出入口控制管理领域应用的产物。现代门禁主要用于出入口或通道控制，安装门禁设备后，一般可以通过卡片、指纹、眼睛虹膜、人脸识别、车牌识别等来鉴别通行人员或车辆的权限，进行身份识别，智能管理人员或车辆的进出，并自动生成各种报表，提供事后的记录信息，等等。

门禁系统在传统的门锁基础上发展而来，智能门禁的产品已经广泛应用于银行、宾馆、办公楼、学校、医院、政府、监狱、企业、停车场、军械库、机要室、住宅社区等各个领域。如图

1-1所示，智能门禁系统在我们工作和生活中的应用。

(a)办公室门禁管理中的应用

(b)实验室门禁管理中的应用

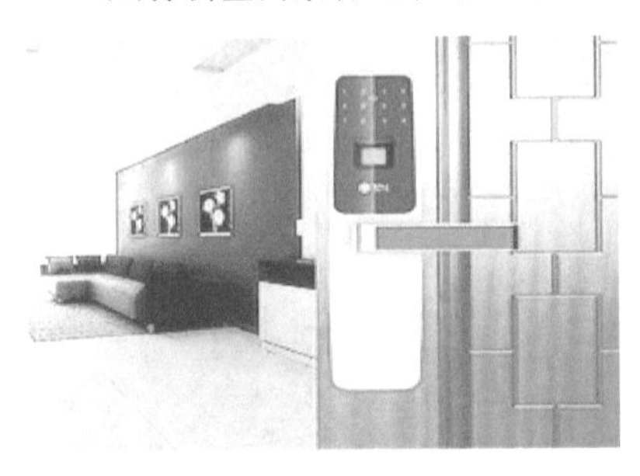

(c)楼道门禁管理中的应用

(d)小区门禁管理中的应用

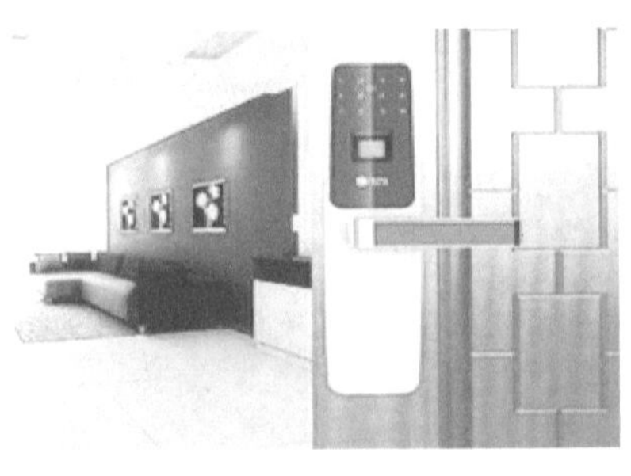

(e)家庭智能门锁中的应用

(f)酒店客房门禁管理中的应用

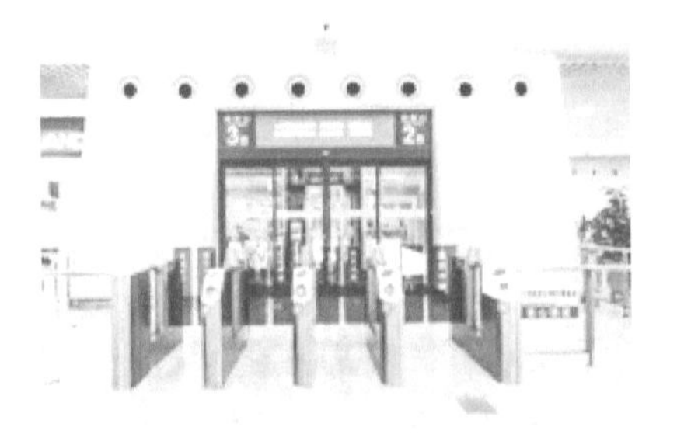

(g)车站人票管理中的应用

(h)停车场管理中的应用

图1-1　智能门禁在工作和生活中的应用

任务准备

一、门禁系统的基本组成

门禁系统的基本组成，如图1-2所示。

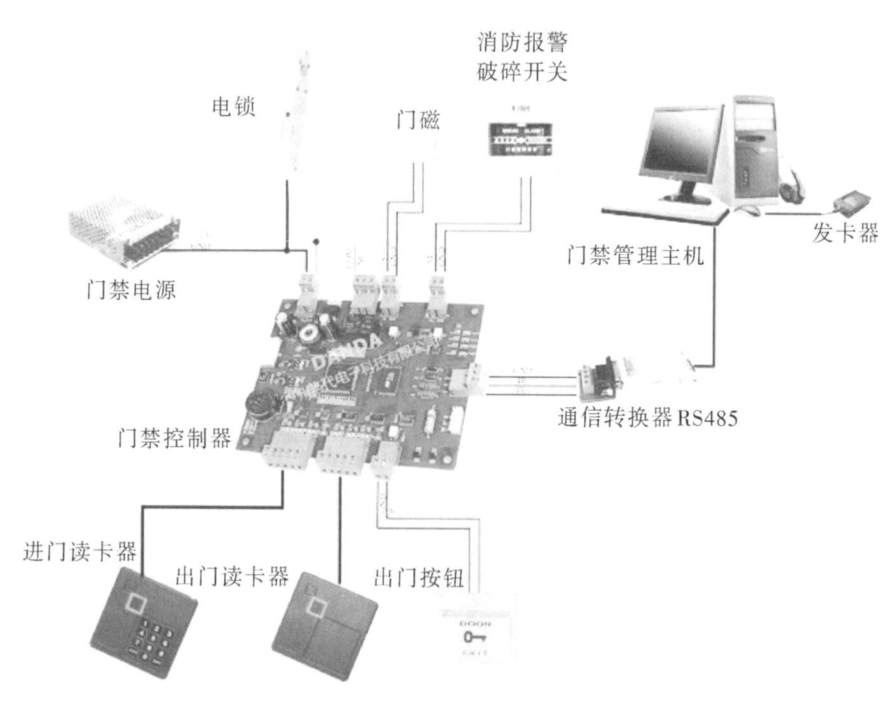

图1-2　门禁系统的基本组成

门禁系统通常由身份识别、传感与报警、处理与控制、电锁与执行、线路及通信、管理与设置等六大基本单元组成。一套标准的门禁系统包括读卡器、出门按钮、门禁控制器、电锁、通信转换器RS485、消防联动及报警扩展、门禁电源、门禁管理主机等。

1. 身份识别

身份识别是门禁系统的重要组成部分，如图1-2中的读卡器，主要起身份识别和确认的作用。门禁系统常见的身份识别主要有卡证类识别、密码类识别、生物类识别以及复合类识别。

2. 传感与报警

传感与报警包括各种传感器、探测器和按钮等，如图1-2中的出门按钮和门磁（开关量报警信号）。与系统配合实时监测各类报警状态，防止人为屏蔽和破坏开关量报警信号，提高门禁系统的安全性。

3. 处理与控制

处理与控制是门禁系统的中枢和核心部分，如图1-2中的门禁控制器，负担系统运行和处理的任务，对各种各样的出入请求做出判断和响应，其中由运算、存储、输入、输出、通信等单元组成。

4. 电锁与执行

电锁与执行包括各种电子锁具、挡车器等被控设备，如图1-2中的电锁，执行出入口管理系统的控制命令，执行出入口控制系统的拒绝或放行操作。常见的被控设备有电控锁、挡车器、报警指示装置以及电动门等。

5. 线路及通信

线路及通信指门禁控制器的联网通信单元，如图1-2中的通信转换器，通常采用RS232、RS485或TCP/IP等实现系统联网。

6. 管理与设置

管理与设置指门禁系统的管理软件，如图1-2中的门禁管理主机，它运行在Windows7以上环境中，支持服务器/客户端的工作模式，对不同的用户进行可操作功能的授权和管理。

管理软件应该使用Microsoft公司的SQL等大型数据库，具有良好的可开发性和集成能力。管理软件应该具有设备管理、人事信息管理、证章打印、用户授权、操作员权限管理、报警信息管理、事件浏览、电子地图等功能。

二、门禁系统的类型

门禁最早应用于计算机房等重要场所，由图1-2可知，门禁系统对进出人员进行身份识别和确认。门禁系统的管理优势被推广应用在智能大厦、智能社区、智慧校园、医院、宾馆、机场、高铁、车站、码头等场域，门禁系统甚至与考勤管理、安防报警、电梯控制、楼宇自控等广泛结合。如今门禁系统使用环境、设计原理等发生了很大的变化，出现了不同类型的门禁系统。

1. 门禁控制器门禁系统

以门禁控制器为核心的门禁系统。如图1-2所示，采用门禁控制器、读卡器、出门按钮、电锁、通信转换器、消防联动及报警扩展、门禁电源等单元来实现对门的控制，并用门禁管理主机进行管理的门禁系统，就是门禁控制器系统。门禁控制器根据对门的控制数量，可以分为单门、双门、四门门禁控制器，单门门禁系统在办公室、实验室、机房等门禁场所应用较多，而多门门禁系统在机场、车站等拥有多个检票口的场所广泛应用，便于实现门禁系统统一管理。

2. 门禁一体机门禁系统

以门禁一体机为主的门禁系统。门禁一体机就是集门禁控制板和读卡器于一体的机器，如图1-3所示。部分门禁一体机产品甚至集成管理系统，高档点的还包括键盘和显示屏，只需要接上电源就可以作为完整的门禁系统使用，广泛应用于单门门禁管理中。

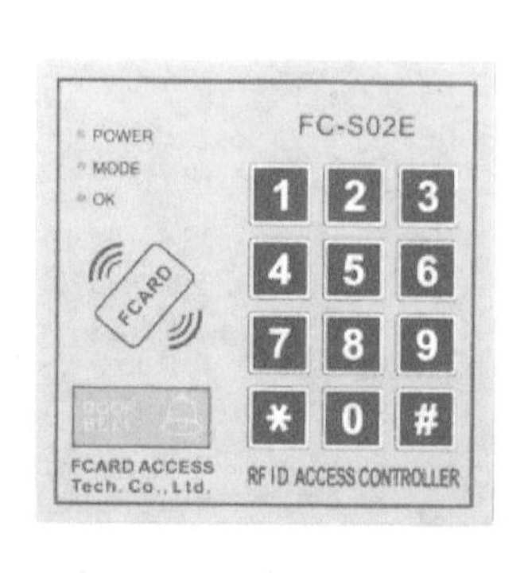

图1-3　门禁一体机

3. 楼宇对讲门禁系统

以楼宇对讲为主的门禁系统。楼宇对讲门禁系统分主机和分机，主机就是集门禁控制板、读卡器、管理系统和可视对讲等功能于一体的门禁产品，分机具有对讲功能。如图1-4所示，门禁对讲系统具有呼叫对话、可视等功能，广泛应用于楼宇楼道门禁管理中。

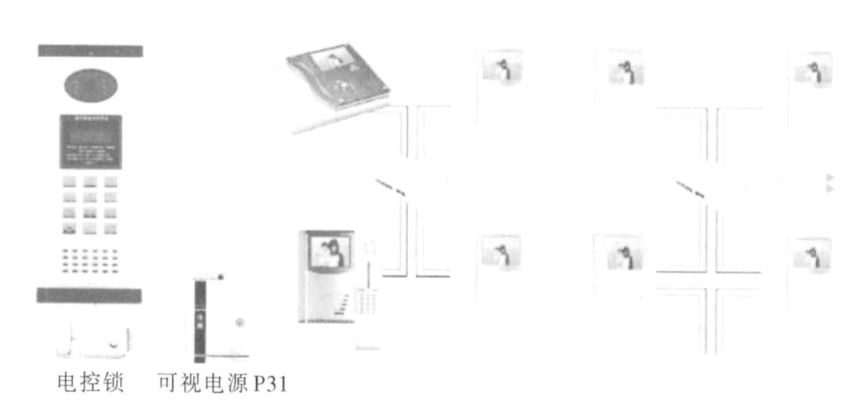

图1-4　楼宇对讲门禁系统示意图

4. 智能锁门禁系统

智能锁是"锁"行业发展出来的一个智能产品。按照"锁芯"的结构，传统意义上分电控锁和机械锁，智能锁就是把门禁控制器、读卡器与新型机械门锁等有机组合成一个整体，如酒店客房智能锁和家用指纹智能锁等。

5. 智能通道门禁系统

按照出入口这个概念来说，通道也是“门”，但又有别于传统意义上的“门”。智能通道门禁系统又分人行通道门禁系统和车辆通道门禁系统，智能通道门禁系统已经广泛应用于学校、停车场、车站、道路交通等领域，如图1-5所示。

(a)人行通道门禁系统

(b)车辆通道门禁系统

图1-5　智能通道门禁系统

任务实施

参观校内门禁系统，同时分析表1-1各门禁系统应用图片中的门禁名称及类型。

表1-1　门禁名称以及类型

序号	门禁系统应用图片	名　称	应用场所及分类
1			
2			

续　表

序号	门禁系统应用图片	名　称	应用场所及分类
3			
4			
5			
6			
7			
8			

续 表

序号	门禁系统应用图片	名 称	应用场所及分类
9			
10			

知识拓展

一、门禁系统的发展

传统的机械门锁仅仅是单纯的机械装置，无论结构设计得多么合理，材料多么坚固，人们总能通过各种手段把它打开。对于有很多人出入的通道(像办公室、酒店客房)，钥匙的管理很麻烦，钥匙丢失或人员更换都要把锁和钥匙一起更换。

电子锁是门禁系统早期不成熟阶段的产品，主要有电子磁卡锁、电子密码锁，它提高了对出入口通道的管理程度，使通道管理进入了电子时代。电子磁卡锁的缺点是信息容易复制，卡片与读卡机具之间磨损大，故障率高，安全系数低。电子密码锁的缺点是密码容易泄露，又无从查起，安全系数很低。同时这个时期的产品由于大多采用读卡部分(密码输入)与控制部分合在一起的技术，安装在门外，很容易被人在室外打开锁。

随着感应卡技术和生物识别技术的发展，门禁系统得到了飞跃式的发展，进入了成熟期，出现了感应卡式门禁、指纹门禁、虹膜门禁、面部识别门禁、乱序键盘门禁系统等，它们在安全性、方便性、易管理性等方面都各有特长，门禁系统的应用领域也越来越广。

二、门禁系统的分类

1. 按进出识别分类

(1)密码识别:通过检验输入密码是否正确来识别进出权限,分普通型和乱序键盘型。

(2)卡片识别:通过读卡或读卡加密码的方式来识别进出权限,卡片种类分为磁卡和射频卡。

(3)生物识别:通过检验人员生物特征等方式来识别进出权限。生物特征分指纹型、掌形型、虹膜型、面部识别型、手指静脉识别型等。

(4)二维码识别:使用二维码校园门禁系统平台发送的含有二维码的短信,支持身份证、手机验证方式来识别进出权限。

2. 按设计原理分类

(1)门禁一体机:一体机就是控制器自带读卡器,这种设计的缺陷是控制器须安装在门外。因此部分控制线必须露在门外,内行人无须门禁卡或密码就可以轻松开门。

(2)门禁分体机:控制器与读卡器(或识别仪)是分体的门禁,这类系统控制器安装在室内,只有读卡器输入线露在室外,其他所有控制线均在室内,而读卡器传递的是数字信号。因此,若无有效卡片或密码,任何人都无法进门。

3. 按通信方式分类

(1)不联网门禁,即单机控制型门禁,就是一台机器管理一道门,不能用电脑软件进行控制,也不能看到记录,直接通过控制器进行控制。

(2)485联网门禁,就是可以和电脑进行通信的门禁类型,直接使用软件进行管理,包括卡和事件控制。所以它有管理方便、控制集中、可以查看记录、对记录进行分析处理以用于其他目的等优点。

(3)TCP/IP网络门禁,也叫以太网联网门禁,也是可以联网的门禁系统,只是它通过网络线把电脑和控制器进行联网。除具有485门禁联网的全部优点以外,TCP/IP网络门禁还具有速度更快、安装更简单、联网数量更大、可以跨地域或者跨城联网等优点。

(4)指纹门禁系统,就是通过指纹代替卡进行管理的门禁设备,具备和485相同的特性,但具有更好的安全性,缺点是登记的人数量较少,通过速度慢。

三、门禁系统的功能

(1)出入门和通道进出控制功能:防止无卡人员和非法持卡人员的进出。

(2)统计功能:根据员工部门、类别和不同的出入时间、地点进行统计。

(3)防止非法进入功能:门禁系统可管理黑白名单至少10万条,若使用非授权卡或系统黑名单中的卡，系统将拒绝开启门锁，并通过预定程序和装置自动报警。

(4)防止非法时间进入功能：可设置时间表，如某些时间段可视为非法时间的，持卡者不能进入；可随时查看各个进出站点、各时间段人员进出情况。

(5)防拆除功能：各前置感应器安装时就已和安装处的墙面构成一体，不能随意拆除。

(6)防盗功能：遇到犯罪分子潜入作案时，门禁系统在接到报警后，自动关闭所有门禁。

(7)防断电功能：门禁系统配备后置电源，防止断电失效。

(8)防牵连功能：门禁系统具有防止一处门禁损坏影响其他门禁正常工作的功能。

(9)放卡片盗用功能：在使用密码键盘的情况下，持卡人必须在刷卡后输入密码，进行双重身份认证，防止卡片遗失带来的不良后果。

(10)防返还功能：关键门禁，所有持卡人员必须刷卡进入后才能刷卡出门，反之亦然。

(11)查询功能：可查询任何人、任何时间在任何门出入的记录。

(12)双门联动功能：门禁系统可以设置权限，强制规定某门在开启状态时，其余各门都不能打开；或某门在开启状态时，只能开启或关闭某些门。

任务评价

任务评价表，如表1-2所示。

表1-2　任务评价表

评价项目	任务评价内容	分值	自我评价	小组评价	教师评价
职业素养	遵守实训室规程及文明使用实训器材	10			
	按操作流程规定操作	5			
	纪律、团队协作	5			
理论知识	认识门禁系统基本组成	10			
	了解门禁系统分类	10			
实操技能	参观校园门禁系统	20			
	掌握各门禁系统名称	10			
	掌握系统分类	30			
总分		100			
个人总结					
小组总评					
教师总评					

练一练

一、填空题

1. 门禁系统根据通信方式可分为________、________、________和________四种。

2. ACCESS CONTROL SYSTEM又称________系统，是一种管理________或________进出的智能化管理系统。它集合了现代________措施和微机________技术，是机械、通信技术、计算机技术、电子、光学、生物技术等诸多先进技术在出入口控制管理领域应用的产物。

3. 门禁系统身份识别可分为________、________、________以及________。

二、简答题

1. 简述门禁系统的基本组成。

2. 简述门禁的产品类型及分类。

3. 简述门禁系统的功能。

项目二　门禁一体机系统

项目目标

1. 了解门禁一体机系统的组成、类型、性能及应用。
2. 熟悉并掌握各种门禁一体机系统的安装、调试要求和方法。
3. 掌握一卡通管理软件的安装配置及使用方法。

任务情景

在数字技术、网络技术飞速发展的今天，门禁技术得到了迅猛的发展，它早已超越了单纯的门道及钥匙管理，逐渐发展成为一套完整的出入管理系统。它在工作环境安全、人事考勤管理等行政管理工作中发挥着巨大的作用。

门禁一体机系统（图2-1）是新型的现代化安全管理系统，它集微机自动识别技术和现代安全管理措施为一体，它涉及电子、机械、光学、计算机技术、通信技术、生物技术等诸多新技术。

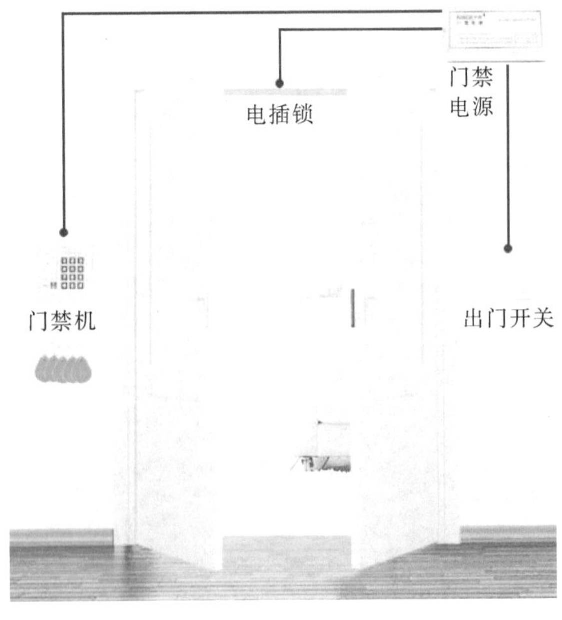

图2-1　门禁一体机系统

❖ 任务一 单机控制型门禁一体机系统 ❖

任务准备

一、门禁一体机系统的组成、特点、运用

门禁一体机是一个脱机型的控制型门禁系统，具有安装维护简单、加密方式多样、发卡容量大等特点。它适用于各种场合，如银行、宾馆、学校、办公间、智能化小区、工厂等。典型的门禁一体机系统一般由门禁电源、电控锁、出门开关、门禁机四部分组成。

二、门禁电源

门禁电源是整个系统的供电设备，分为普通式和后备式（带蓄电池）两种，广泛适用于各种门禁控制器、对讲设备、电锁等设备。

如图2-2(a)所示，是一常见的普通式门禁电源，电源输入采用220 V，50 Hz，输出电压DC12 V，输出电流3—5 A。同时根据实际的工程需要，调节控制电路的开锁时间在0—15 s（可通过电路上的可调电阻调节）。如图2-2(b)所示，是门禁电源各组成部分。

（1）NC端：常闭端口，常态输出DC12V电压。

（2）NO端：常开端口，常态无输出电压。

（3）GND端：接地端。

（4）+12V端：为设备提供DC12V电源。

（5）PUSH端：开门按钮输入端，可输入开关控制量。

（6）CONTROL端：电信号输入端，可输入DC12V电信号控制。

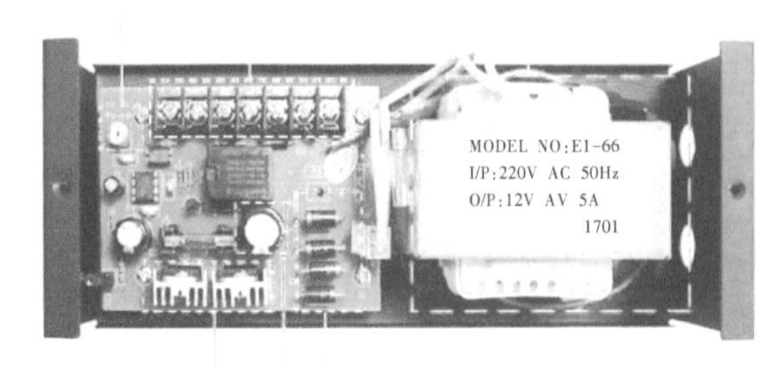

（a）

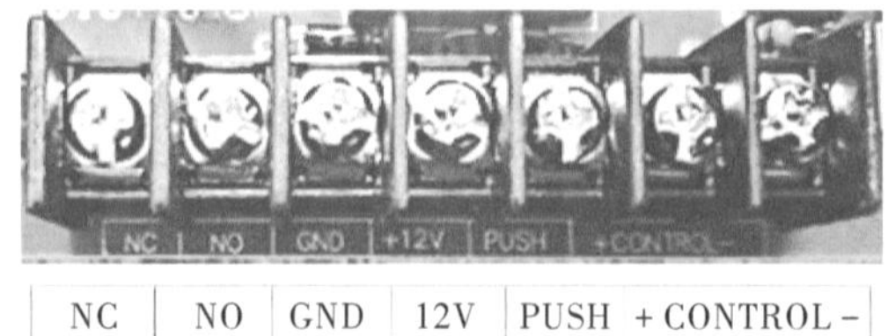

（b）

图2-2　门禁电源

三、电锁

作为门禁一体机系统的动作执行部件，电锁按供电方式可以分为常开锁（加电闭锁、断电开锁）和常闭锁（加电开锁、断电闭锁）。电锁根据适用门的不同，又分为电插锁、磁力锁、电控锁三种，如图2-3—图2-5所示。磁力锁为常开锁，电插锁大部分为常闭锁，常闭锁需要带钥匙等机械开锁部件。常开锁俗称消防锁，常闭锁为安全锁。

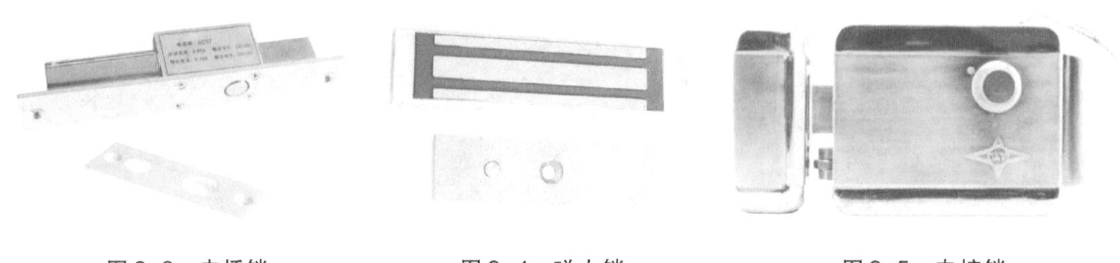

图2-3　电插锁　　图2-4　磁力锁　　图2-5　电控锁

电插锁是一种电子控制锁具，通过电流的通断驱动锁舌的伸出或缩回，以达到锁门或开门的功能。电插锁分为通电开锁和断电开锁两种，一般情况下消防有要求用断电开门，以保证火灾发生时门可以自动打开。

磁力锁的设计和电磁铁一样，是利用电生磁的原理，当电流通过硅钢片时，电磁锁会产生强大的吸力紧紧地吸住吸附铁板以达到锁门的效果。只要小小的电流通过，电磁锁就会产生莫大的磁力，控制电磁锁电源的门禁系统识别人员正确后即断电，电磁锁失去吸力即可开门。

电控锁，在锁体内分别设有主锁闩、副锁闩、电磁线圈及位于电磁线圈下的衔铁。在锁体外设有发射器及为电磁线圈提供电流的接收电路，在锁扣内位于副锁舌位置设有一阻挡装置,其中主锁闩与副锁闩之间设有一联动装置,它们之间的运动靠传动杆的传动,在衔铁上固定有将传动杆顶起的拨杆。它结构简单,安全可靠,经济实用,成本低,使用方便,主要用于小区单元门、银行储蓄所二道门等场合。

四、开门按钮

门按钮的原理,其实就是一个门铃按钮的原理,按下时内部两个触点导通,松手时按钮弹回,触点断开。如图2-6,开门按钮类型按材质可以分为塑料按钮和金属按钮,按大小可以分为86底盒按钮(如我们一般墙上的电源插座,日光灯开关的底盒采用的就是86底盒)和小型按钮。

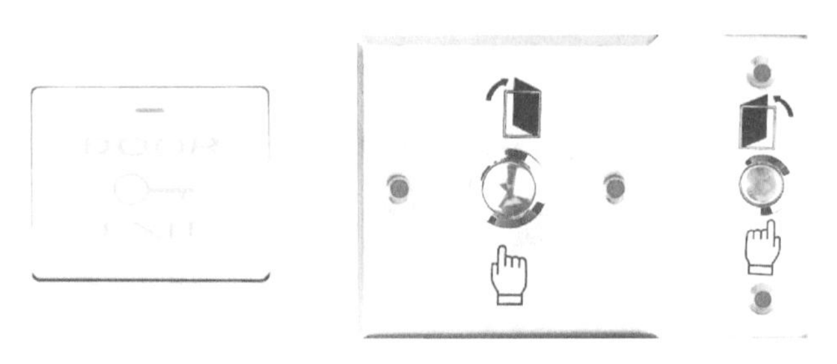

图2-6　各类开门按钮

如图2-7,开门按钮接线端有两个:L端和L1端。L为公共端,L1为常开端。公共端(L)与电源GND端连接;常开端(L1)与门禁一体机开关端(SW)连接。

图2-7　开门按钮接线示意图

五、有线门禁门铃

门禁门铃是对机械门铃的一个延伸,是实现远端叫门的一个工具。电源一般采用DC12V,门铃内部有发射器与接收器两大部分,发射器发出的信号是通过电线(一般是两根线)传输至接收器,因而信号比较稳定,也不会发生误响。如图2-8为门禁门铃及接线示意图。

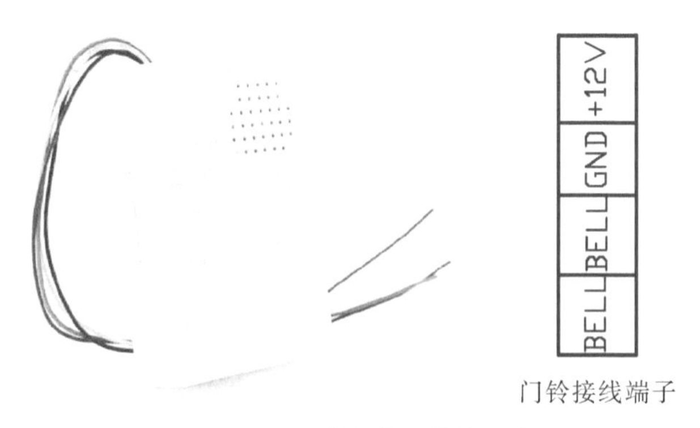

图2-8　门禁门铃及接线示意图

六、门禁一体机

1. 门禁一体机的类型及特点

门禁一体机就是读卡和控制器合二为一的门禁控制产品，有独立型的，也有联网型的。简单而言，门禁一体机就是集门禁控制板读卡器于一体的机器，高档点的还包括键盘和显示屏，只需要接上电源就可以当作完整的门禁系统使用了。门禁一体机是门禁系统的核心控制设备，具有数据存储可靠、掉电数据不丢失、集管理和自动控制为一体等特点。门禁一体机实现门禁的自动化管理，数据还可用于考勤，实现门禁、考勤双功能，同时与一卡通系统可以无缝连接。

门禁一体机按照控制器和管理电脑的通信方式不同，分为不联网门禁一体机、TCP/IP网络型门禁一体机、RS485联网型门禁一体机三种。

（1）不联网门禁一体机，即单机控制型门禁一体机，就是一台机子管理一道门，不能用电脑软件进行控制，也不能查看刷卡记录，直接通过控制器进行控制。不适合人数多于50人或者人员经常流动（指经常有人入职或离职）的工程。

（2）RS485门禁一体机，可以和电脑通过RS485通信的门禁机型，直接使用上位机软件进行管理，包括制卡和事件控制。所以它有管理方便、控制集中、可以查看记录、对记录进行分析处理以用于其他目的等优点，可以进行考勤等增值服务，适合人多、流动性大、门多的工程。

（3）TCP/IP网络型门禁一体机，也叫以太网联网门禁一体机，也是可以联网的门禁系统，使用标准的工业TCP/IP网络，通过网络线把电脑和控制器进行联网。除具有485门禁联网的全部优点以外，它还具有速度更快、安装更简单、联网数量更大、可以跨地域或者跨城联网的优点。但存在设备价格高的缺点，适合安装在大项目、人员数量多、对速度有要求、跨地域的工程。

2. 门禁一体机的安装技术要求

如图2-9所示是一种常见的触摸式门禁一体机，工作电压12 V，开锁电流≤1.5 A，静态电流≤60 mA，图2-10所示是它的接线图。

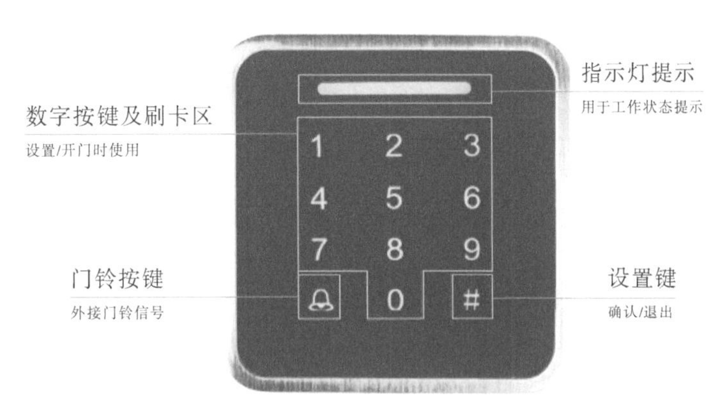

图2-9　触摸式门禁一体机

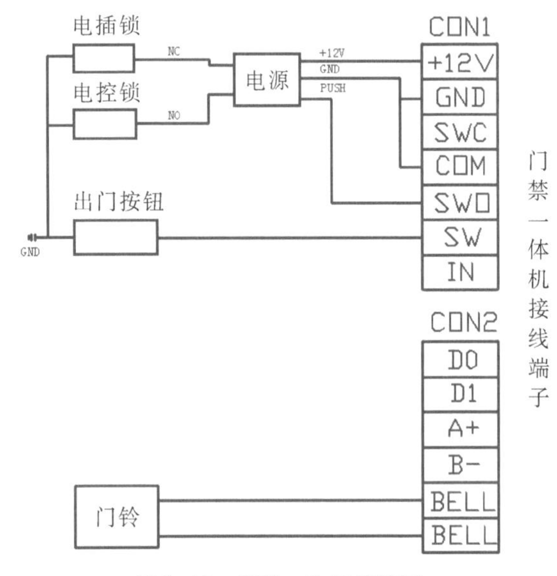

图2-10　门禁一体机接线图

接线端CON1接口信号说明和接线端CON2接口信号说明，如表2-1、表2-2所示。

表2-1　接线端CON1接口信号说明

管　脚	注　释	颜　色	说　明
1	+12V	红	电源正极(+12V)
2	GND	黑	接地
3	SWC	蓝	继电器常闭输出端
4	COM	白	继电器公共端
5	SWO	黄	继电器常开输出端
6	SW	棕	开门按钮输入端，另一端接GND
7	IN	绿	门磁输入端

表 2-2　接线端 CON2 接口信号说明

管　脚	注　释	颜　色	说　明
1	D0	绿	接读头信号线 DTAT0
2	D1	蓝	接读头信号线 DTAT1
3	A+	黄	RS485 通信
4	B-	白	RS485 通信
5	BELL	黑	接门铃连接线
6	BELL	红	接门铃连接线

任务实施一：出门控制线路的安装

一、器件及材料准备

出门控制线路所需器件及材料，如表 2-3 所示。

表 2-3　出门控制线路所需器件及材料

序号	名　称	型号或规格	图　片	数　量	备注
1	电锁	断电开门型		1 个	
2	出门按钮	86 型		1 个	
3	门禁电源	延时控制门禁电源		1 个	
4	螺丝刀			1 把	
5	连接导线			根据数量确定	

二、系统接线

出门控制系统接线，如图 2-11 所示。

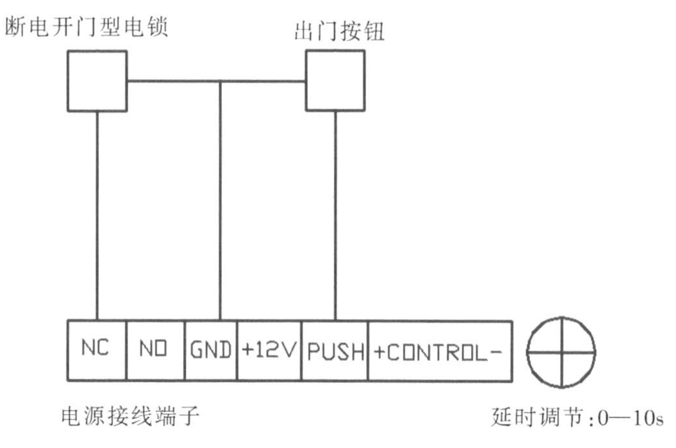

图 2-11　出门控制系统

三、功能调试

调节门禁电源上的电位器，使开门后延时 10s 后，自动关门。

任务实施二：单机控制型门禁一体机系统安装

一、器件及材料准备

器件及材料准备，如表 2-4 所示。

表 2-4　单机控制型门禁一体机所需器件及材料

序号	名　称	型号或规格	图　片	数　量	备注
1	电锁	通电开门型		1个	
2	出门按钮	86型		1个	

续　表

序号	名　称	型号或规格	图　片	数　量	备注
3	门禁电源	延时控制门禁电源		1个	
4	门禁一体机	单机型		1个	
5	螺丝刀			1把	
6	连接导线			根据数量确定	

二、系统接线

单机控制型门禁一体机系统的接线如图2-12所示。

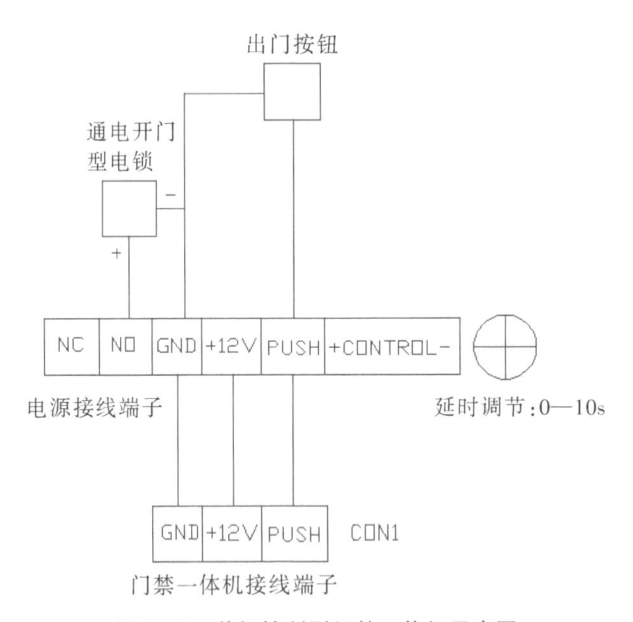

图2-12　单机控制型门禁一体机示意图

思考:如果我们系统设计要求为电插锁(磁力锁),此时该如何接线?

任务实施三：单机控制型门禁一体机系统调试

门禁一体的管理功能在使用前，都要先进入编程状态。其方法：长按“#”键，绿灯闪烁，输入管理密码（初始密码：12345），短按“#”键，红灯常亮，表示已经进入编程状态。

一、增加用户卡

（1）按“1”（绿灯闪烁）→刷未增加过的空白卡或连续刷卡（蜂鸣器发出“嘟”一声）→按“#”（红灯亮）→长按“#”退出。

（2）按“1”（绿灯闪烁）→输入8位IC卡序列号→按“#”→长按“#”退出（或按“1”继续增加卡片，增加完后再按一次“#”退出）。

完成后，可使用新增的IC卡，正常刷卡开门，同时新增加的用户卡初始开门密码为8888。

二、删除用户卡

1. 删除全部用户卡

按“2”→按“0000”→按“#”→长按“#”退出。

2. 删除被读的卡

按“2”→刷卡（如有多张卡则连续刷卡）→按“#”→长按“#”退出。

3. 修改公共开门密码

公共开门密码初始密码为8888，可以根据实际需求自行修改。其方法如下：

按“5”→输入一组新密码→按“#”→再输入一次新密码→按“#”→长按“#”退出。

三、设置开门方式

1. 刷有效卡开门

按“3”→按“00”→按“#”→长按“#”退出。

2. 刷有效卡加密码开门

按“3”→按“01”→按“#”→长按“#”退出。

3. 刷有效卡开门或者输入正确密码开门

按“3”→按“02”→按“#”→长按“#”退出。

任务评价

任务评价如表2-5所示。

表2-5 任务评价表

评价项目	任务评价内容	分值	自我评价	小组评价	教师评价
职业素养	遵守实训室规程及文明使用实训器材	10			
	按实物操作流程规定操作	5			
	纪律、团队协作	5			
理论知识	认识各类门禁电锁、电源、门禁一体机	10			
	认识系统接线图	10			
实操技能	系统接线正确	20			
	系统调试成功	10			
	系统调试成功	30			
总分		100			
个人总结					
小组总评					
教师总评					

任务二 RS485门禁一体机系统

任务准备

一、RS485

RS485总线在我们常见的门禁系统布线中经常被用到，它是一个定义平衡数字多点系统中的驱动器和接收器的电气特性的标准，该标准由电信行业协会和电子工业联盟定义。使用该标准的数字通信网络能在远距离条件下及电子噪声大的环境下有效传输信号。RS485有两线制和四线制两种接线，四线制只能实现点对点的通信方式，现在很少采用；目前采用的多是两线制接线方式，这种接线方式为总线式拓扑结构，在同一总线上最多可以挂接32个节点。RS485最大的通信距离约为1219 m，最大传输速率为10 Mb/s，传输速率与传输距离成反比，在100kb/s的传输速率下，可以达到最大的通信距离。

RS485型门禁一体机在需要联网时，需要接入RS485线（两芯屏蔽线）与门禁主机连接，另一端通过RS485转RS232接口与计算机的串口连接。如图2-13为RS485转RS232接口。

图2-13　RS485转RS232接口

二、发卡器

发卡器是对卡进行读写操作的工具，可以进行读卡、写卡、授权、格式化等操作，如图2-14所示。它的主要功能：(1)对卡片授权，将卡片序号读入上位机软件；(2)使用频率125 KHz/13.56 MHz，ID/IC卡；(3)读卡距离小于13 cm，可广泛应用于图书借阅、会议签到、机房收费、高速公路收费等场合。

图2-14　发卡器

三、一卡通管理系统

一卡通管理系统，又称为智能一卡通系统，是以非接触式IC卡读写技术为基础，通过一张卡实现多种不同功能的智能管理。一卡通管理系统是以IC卡技术为核心，以计算机和通信技术为手段，将智能建筑内部的各项设施连接成为一个有机的整体，系统支持多个数据库，用户通过一张IC卡便可完成通常的人员管理、设备管理、门禁管理、电梯管理等系统的控制操作功能。在一卡通管理系统中，用户可以进行人事资料编辑，门禁卡、梯控卡数据管理，通过提取数据，可以查询、打印导出历史纪录，也可以设置考勤和其他功能。如图2-15

为一卡通管理系统界面。

图2-15　一卡通管理系统界面

任务实施一:485型门禁一体机系统安装

一、器件及材料准备

485型门禁一体机系统需准备的器件及材料,如表2-6所示。

表2-6　485型门禁一体机需准备的器件及材料

序号	名　称	型号或规格	图　片	数　量	备注
1	电锁	断电开门型		1个	
2	出门按钮	86型		1个	
3	门禁电源	延时控制门禁电源		1个	

续 表

序号	名 称	型号或规格	图 片	数 量	备注
4	门禁一体机	485型		1个	
5	门铃	有线门禁门铃		1个	
6	计算机			1台	
7	一卡通安装软件	V5.7版			
8	数据库安装软件	SQL Server 2005			
9	螺丝刀			1把	
10	连接导线			根据数量确定	

二、系统接线

485型门禁一体机系统接线，如图2-16所示。

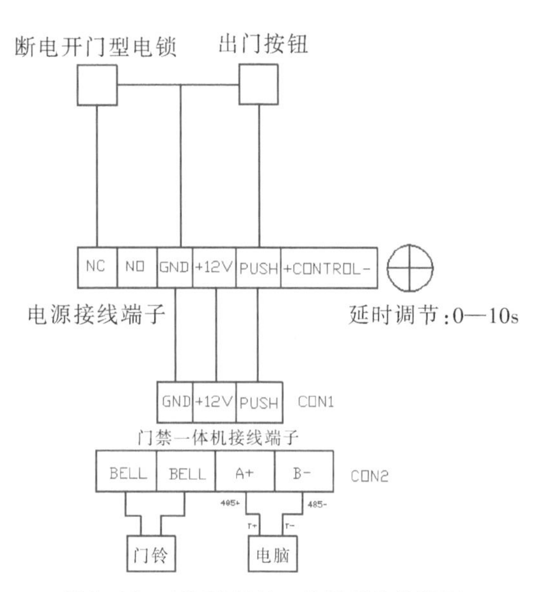

图2-16 485型门禁一体机系统接线图

三、通电检查

(1)检查485门禁一体机红色指示灯是否正常闪烁。

(2)在485门禁一体机上触摸门铃按钮,检查门铃是否正常发声。

(3)按下出门按钮,检查电控锁能否正常打开。

任务实施二:一卡通管理系统的安装与配置

一、安装数据库

按照附录中的安装方法,安装数据库SQL Server 2005,安装过程中需要选择SQL Server和Windows混合模式,安装后重新启动计算机。

二、安装软件

运行setup.exe进入安装程序,点击“下一步”,即可完成软件的安装。成功安装软件后,要先登录之前安装的数据库,附加数据库后才能运行。单击程序“一卡通管理软件”,弹出窗口,如图2-17所示。

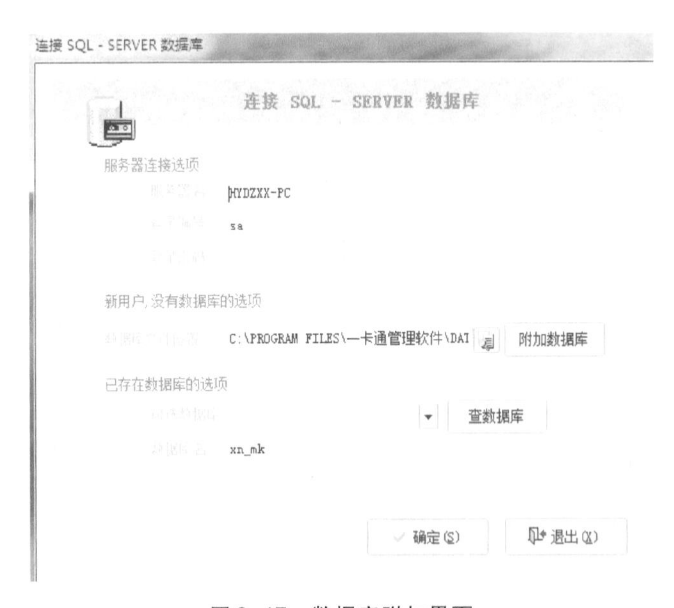

图2-17　数据库附加界面

输入密码(密码为安装SQL Server时设置的密码),点击“附加数据库”;附加成功后,即可登录系统。如图2-18所示。

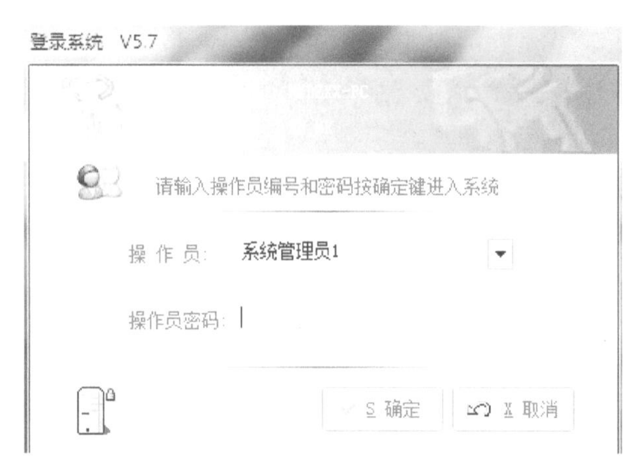

图 2-18 系统登录界面

默认操作员密码为空,点击“确定”即可进入系统主界面。

三、一卡通管理软件系统参数配置

进入“系统管理”选项,“设备通信参数”栏下,串口号为一体机与计算机的通信口号,如果有多个发卡设备的,要注意发卡设备号,其他参数保持默认即可;选择“系统参数设定”,设定“系统模式”为“读扇区”,钩选“使用空白卡”,如图 2-19 所示。

(a) (b)

图 2-19 一卡通管理软件系统参数配置

任务实施三：一卡通管理系统门禁管理功能的使用

一、一卡通管理软件与485门禁一体机连接参数配置

步骤1：设备连接。

将485门禁一体机与电脑相连，打开一卡通软件后，在“设备管理”界面单击“门禁设备号更改”，在“当前参数”选项中，“串口号”选择当前计算机的通信端口号，其他参数选择默认；在“设备号更改”选项中，选中“广播方式读取”，单击“读取”按钮，获取当前485门禁一体机的设备序列号，在“新设备号码”输入需要的数值(不可为1)，比如5；单击“更改”，效果如图2-20所示。

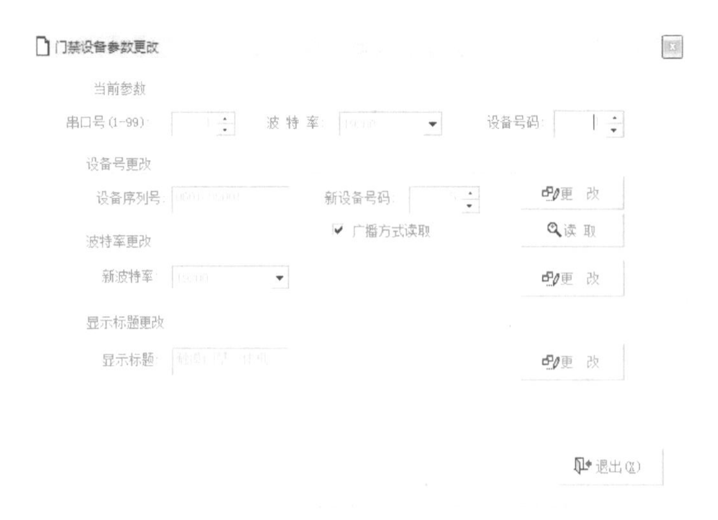

图2-20 门禁设备参数更改界面

步骤2：设备定义。

在“设备管理”界面，单击“门禁设备定义”，弹出如图2-21所示界面。

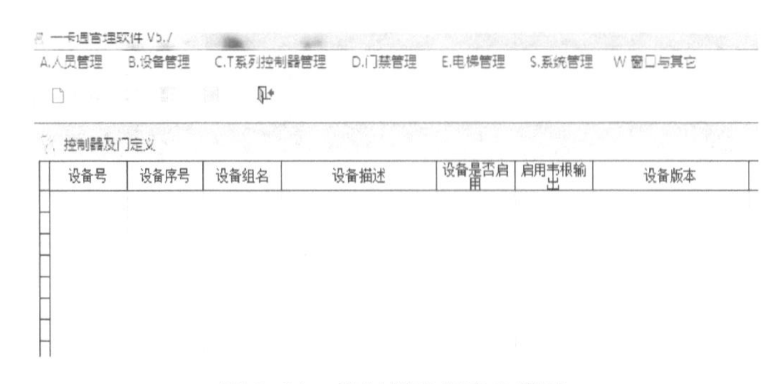

图2-21 控制器及门定义界面

单击“增加设备”,在设备资料增加界面(图2-22)中,输入“设备号码”,此号码要与第一步中“新设备号码”保持一致,在“设备序列号”选项中,输入第一步读取到的设备序列号,“设备类型”必须选择“联网一体机”,其他参数保持默认,单击“保存”后退出。

图2-22　设备资料增加界面

通过以上两个步骤,完成了485门禁一体机与一卡通管理系统的连接。此时在“设备管理”目录下的“门禁设备定义”中,可看到之前添加的485门禁一体机信息;同时在设备参数设置目录下,可以读取当前连接的门禁一体机设备系统信息,如图2-23所示。

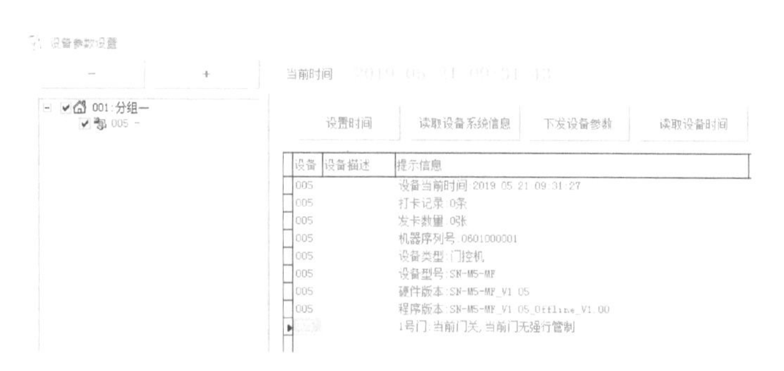

图2-23　设备系统信息

完成了系统、设备的参数设置后,必须先退出一卡通管理软件,完成参数设置的保存。

二、新增用户门禁卡

步骤1:新增部门。

单击“人员管理”目录下的“部门管理”,单击“增加部门”,弹出“部门架构资料增加”界面，输入部门名称，如“工程部”，单击“确定”，即可将此部门添加至“部门管理”目录下，如图2-24所示。

图2-24　部门架构资料增加界面

步骤2：人员资料录入。

将IC空白卡放置在发卡器上，单击“人员管理”目录下的“人员资料录入”，弹出“人员资料增加”界面，如图2-25所示。

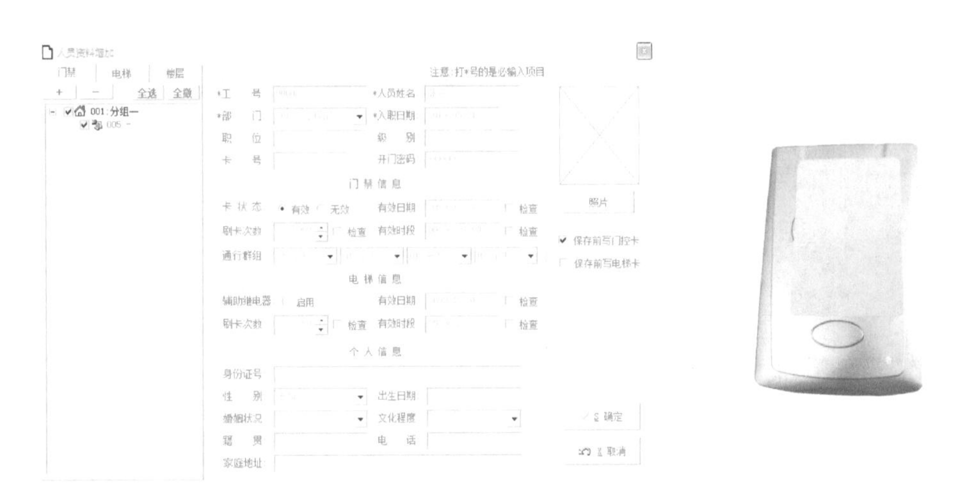

图2-25　人员资料录入界面

在设备栏要钩选之前定义的485门禁一体机(005)，打“*”选项信息必须填写完整，完成信息录入后，单击“确定”，发卡器会发出“嘀”的一声，即可完成门禁卡的制作。此时在“人员资料管理”目录下，可看到刚才发的卡信息，如图2-26所示。

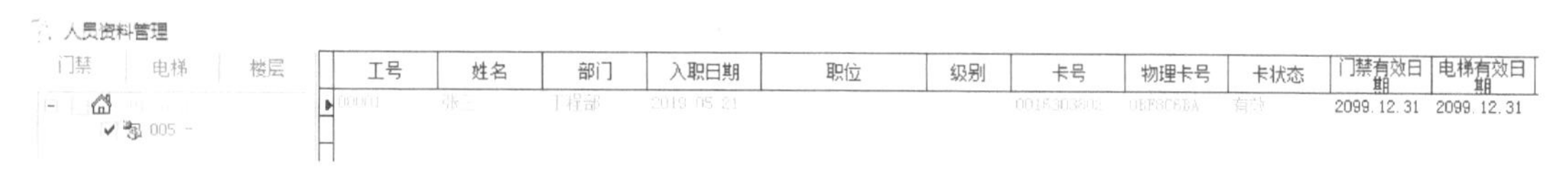

图2-26　发的卡信息

练一练:完成2张门禁卡的制作,人员分别归属于不同的部门,如图2-27所示。

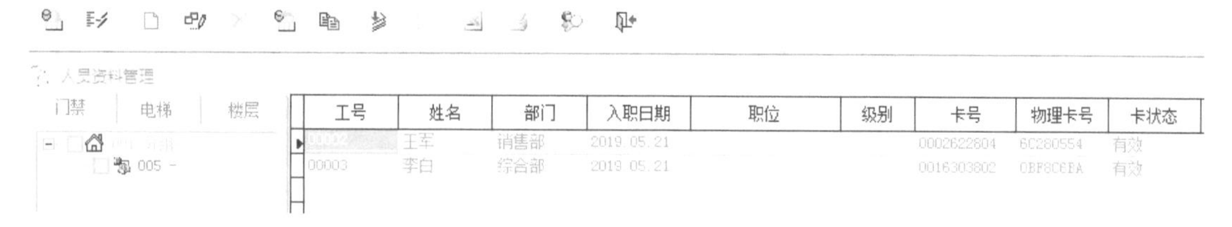

图2-27　2张门禁卡的信息

三、门禁卡回收

工程部的张三离职了,此时我们需要进入一卡通管理系统中,删除张三的门禁卡信息。

对于门禁卡的回收,要注意清除数据时,必须到原发卡计算机上进行操作。进入"人员资料管理"目录,将门禁卡放置在发卡器上,选中要删除的人员信息,单击工具栏"删除资料"按钮,即可完成门禁卡的回收工作。如图2-28所示。

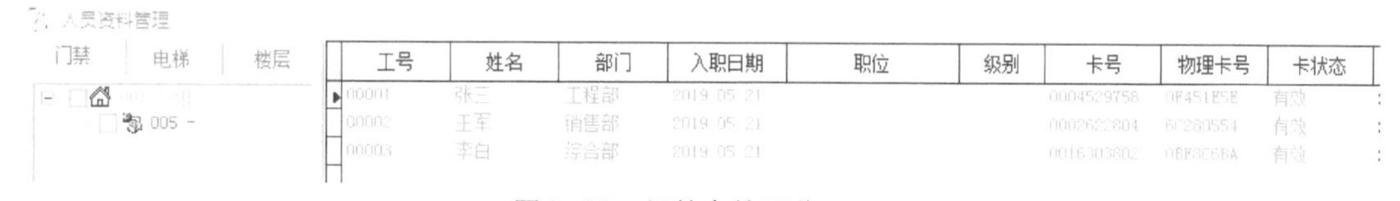

图2-28　门禁卡的回收

知识拓展

在一些重要的数据管理中心,门禁系统的进出门方式采用刷卡+密码输入统一认证,同时可以查看进出人员的信息。

系统接线如图2-29所示。

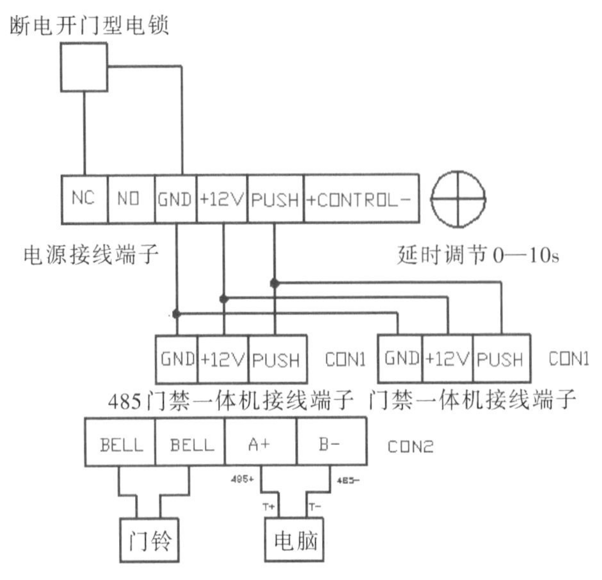

图2-29　系统接线图

任务评价

任务评价如表2-7所示。

表2-7　任务评价表

评价项目	任务评价内容	分值	自我评价	小组评价	教师评价
职业素养	遵守实训室规程及文明使用实训器材	10			
	按实物操作流程规定操作	5			
	纪律、团队协作	5			
理论知识	认识各类门禁电锁、电源、门禁一体机	10			
	认识系统接线图	10			
实操技能	系统接线正确	20			
	数据库、软件安装调试正确	10			
	系统调试成功	30			
总分		100			
个人总结					
小组总评					
教师总评					

练一练

一、填空题

1. 电锁按供电方式可以分为__________和__________。电锁根据适用门的不同，又分为____________、__________、__________三种。

2. 门禁一体机是门禁系统的核心控制设备，具有____________________、____________________、____________________等特点。

3. 门禁一体机按照控制器和管理电脑的通信方式分为：____________________、____________________、____________________。

4. 485总线上最多可以挂接______个节点。RS485最大的通信距离约为__________，最大传输速率为__________。

5. 一卡通管理系统，又称为______________，是以______________读写技术为基础，通过一张卡实现多种不同功能的智能管理。

二、简答题

1. 简述发卡器的主要功能。

2. 在一些重要的数据管理中心，门禁系统的进出门方式采用刷卡+密码输入统一认证，同时可以查看进出人员的信息。系统接线图，如图2-30所示。

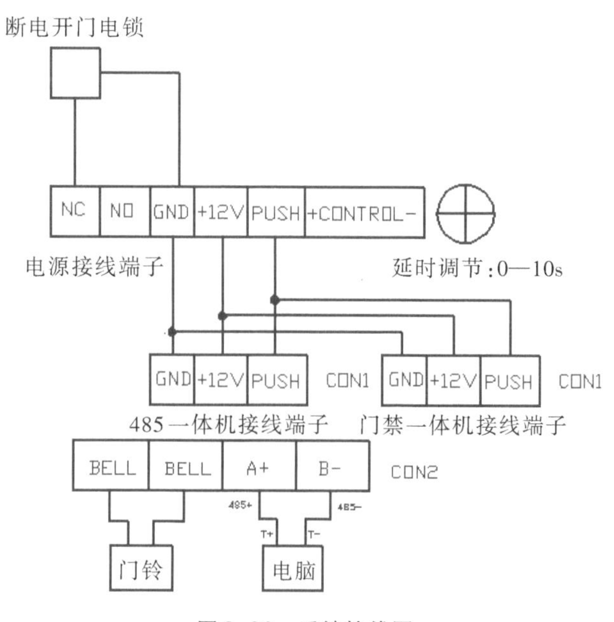

图2-30　系统接线图

项目三　门禁控制器系统

项目目标

1. 了解门禁控制器系统的组成、类型、性能及应用。

2. 掌握各门禁控制器系统的安装调试方法。

3. 掌握各种门禁管理软件的安装配置及使用方法。

任务情景

在一些重要的场所，比如大数据管理中心、监狱、机场等，在进出门上安装门禁控制系统，可以有效阻止外来闲杂人员进出，防止核心技术资料被外人进来随手轻易窃取，保证人员及财产的安全，避免造成安全隐患，如图3-1所示。

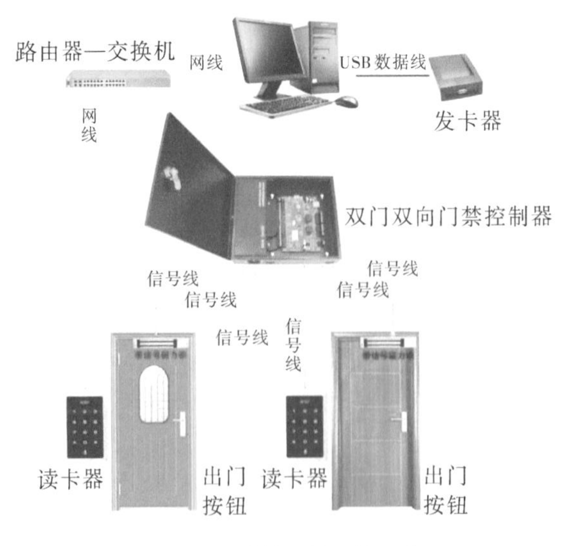

图3-1　门禁控制器系统示意图

❖ 任务一　单门双读门禁控制系统 ❖

任务准备

一、门禁读卡器

1. 门禁读卡器的特点及原理

如图3-2所示，门禁读卡器，一般简称为“门禁读头”或者“读头”，是门禁系统中一个很重要的组成部分，是控制系统中的读写模块，用来读取刷卡人员的智能卡信息（卡号），再转换成电信号送到门禁控制器中。

图3-2　门禁读卡器

工作原理：读卡器以固定频率向外发出电磁波，频率一般是13.56 Hz，当感应卡进入读卡器电磁波辐射范围内时，会触发感应卡上的线圈，产生电流并触发感应卡上的天线向读卡器发射一个信号，该信号带有卡片信息，读卡器将电平信号转换成数字序号，以韦根协议（Wiegand）传送给就地控制器，就地控制器将信息上传给上层控制器，最终上传给门禁服务器，门禁服务器将卡号与数据库内的信息进行比对，从而得到全部的卡片信息。

2. 门禁读卡器的分类

读卡器的种类很多，根据读卡类型主要分两种。传统的在门禁中用的卡片主要有EM（ID）卡和MF1（IC）卡，对应的就是我们通常称呼的ID读卡器和IC读卡器，即识读这些卡片的读卡器。

根据通信方式不同，读卡器分为WIEGAND和RS485两种。目前大部分的门禁通信类型都是WIEGANGD（以下简写为WG）。WG通信又分为WG26、WG34、WG66等，它们的区别在于识读卡号的位数长短不一样(WG66比WG34的长,WG34比WG26的长),识读的卡号越长,所传上来的卡号重号的可能性就越小。

RS485通信相对于WG通信来说,一是传输距离远(1200m),另一个就是能用较少的线来传多种不同的信号,四根线(电源+,电源-,485+,485-)可以传卡号,传防拆、防撬信号,并能根据控制器反馈信息来控制LED(灯)和BEEP(蜂鸣器)等。一般来说,485读头部署于在线巡更的场合中(这种场合只需读卡,不需要控制锁等附件),其通信距离非常有优势。

读卡器根据外观及材质可以分为塑料材质和金属材质两种。从读卡器读卡的工作原理上说,一般门禁读卡器对于金属的屏蔽是非常敏感的,所以大部分的读卡器都是做成塑料外壳。但是塑料的材质在一些高端场合及特种场合(如监狱)就很难符合客户的要求了。现在监狱的项目一般都要求门禁读卡器采用金属材质生产,防止暴力拆卸读头。

二、门禁控制器

1. 门禁控制器的特点及原理

门禁控制器(图3-3),又称为门禁数据存储控制器,是门禁系统的中枢,相当于计算机的CPU,内部由运算单元、存储单元、输入单元、输出单元、通信单元等组成,里面存储有大量相关人员的卡号、密码等信息。它担负着整个系统输入、输出信息的处理和控制任务,根据出入口的出入法则和管理规则对各种各样的出入请求做出判断和响应,并根据判断的有效性与否,对执行机构与报警单元发出控制指令。对于联网型门禁控制器,控制器也接受来自管理计算机发送的人员信息和相对应的授权信息,同时向计算机传送进出门的刷卡记录。单个控制器就可以组成一个简单的门禁系统,用来管理一道或两道门,多个控制器通过通信网络与计算机连接起来,就组成了整个建筑的门禁系统,计算机装有门禁系统的管理软件,它管理着系统中所有的信息分析与处理工作。

图3-3 门禁控制器

2. 门禁控制器的分类

按照控制器和管理电脑的通信方式不同，门禁控制器可以分为RS485联网型门禁控制器和TCP/IP网络型门禁控制器。

按照每台控制器控制门的数量不同，门禁控制器可以分为单门控制器、双门控制器、四门控制器及多门控制器。

控制器根据每个门可接读卡器的数量不同，门禁控制器可以分为单向控制器、双向控制器。

三、单门门禁控制器

单门门禁控制器根据每个门可接读卡器的数量不同，分为单向控制器和双向控制器。如果一道门，进门刷卡，出门按按钮，控制器对于每道门只能接一个读卡器，叫单向控制器。如果一道门，进门刷卡，出门也刷卡（也可以接出门按钮），每个控制器对于每道门可以接两个读卡器，一个是进门读卡器，一个是出门读卡器，叫双向控制器。单门门禁控制器的安装要考虑到控制器和读卡器之间的距离，理想的传输距离是100 m之内，对于信号传输电缆，必须考虑电缆屏蔽和因远距离传输带来的信号衰减情况，在管路施工过程中，应采用材质为钢材的线管和电缆桥架，并做好可靠接地。

如图3-4所示，是我们此次任务采用的单门门禁控制器，是一款基于 TCP/IP 网络的IC卡、ID卡单门门禁控制器，采用ARM处理器为主控芯片，工作电压12V，工作电流<160mA。图3-5所示，是它的接口结构图，控制器带有2个读卡器接口[Wiegand（韦根）通信方式]，1个出门按钮接口，1个门磁输入接口，1个电锁输出接口，1个TCP/IP通信接口。接线端子说明，如表3-1所示。

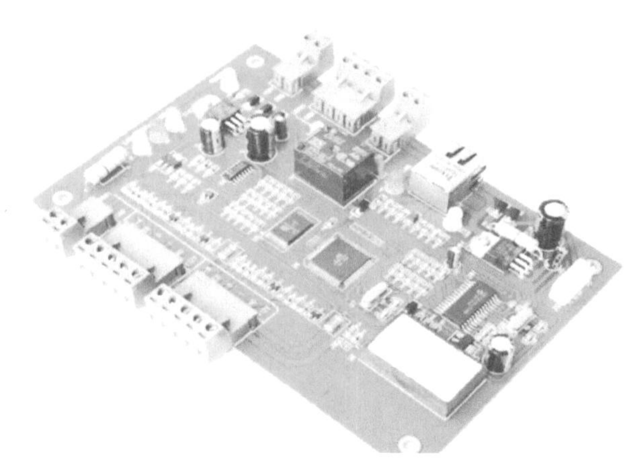

图3-4　TCP/IP网络型单门门禁控制器

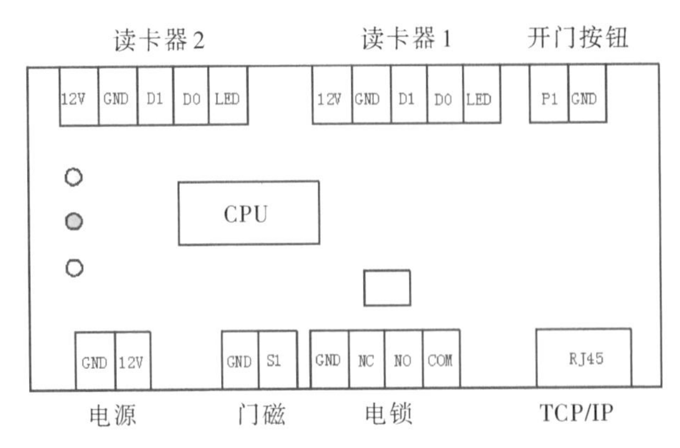

图3-5　TCP/IP网络型单门门禁控制器接口结构

表3-1　接线端子说明

接　口	接线端子	说　明
READ1(1号门进门读卡器)	LED	韦根读卡器
	D0	
	D1	
	GND	读卡器电源
	12V	
READ2(1号门出门读卡器)	LED	韦根读卡器
	D0	
	D1	
	GND	读卡器电源
	12V	
LOCK1(门锁控制输出接口)	COM	锁电源12V输入
	NO	断电关锁
	NC	断电开锁
	GND	锁接地端
DOOR1(出门按钮)	GND	接地端
	P1	出门按钮
门磁	S1	门磁输入
	GND	接地端

任务实施一:单门双读门禁控制系统的安装

一、器件及材料准备

单门双读门禁控制系统需准备的器件及材料,如表3-2所示。

表3-2 单门双读门禁控制系统所需准备的器件及材料

序号	名 称	型号或规格	图 片	数 量	备注
1	电插锁	断电开门型	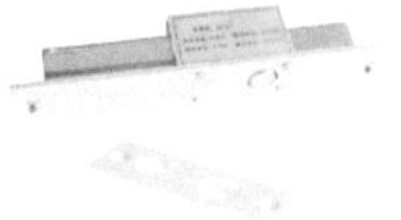	1个	
2	出门按钮	86型		1个	
3	门禁电源	延时控制门禁电源		1个	
4	读卡器	WG26通信型		2个	
5	门禁控制器	蓝本单门门禁控制器	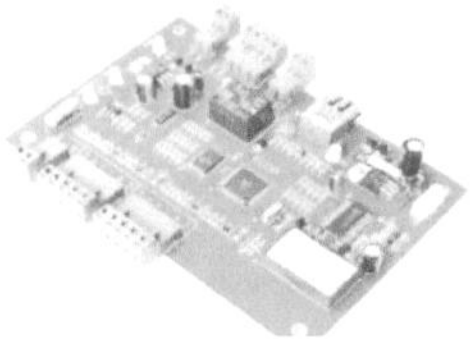	1个	
6	计算机			1台	
7	门禁管理系统	门禁出入管理系统 V4.2.5		1套	
8	螺丝刀			1把	
9	连接导线			若干	

二、系统接线

单门双读门禁控制系统的接线，如图3-6所示。

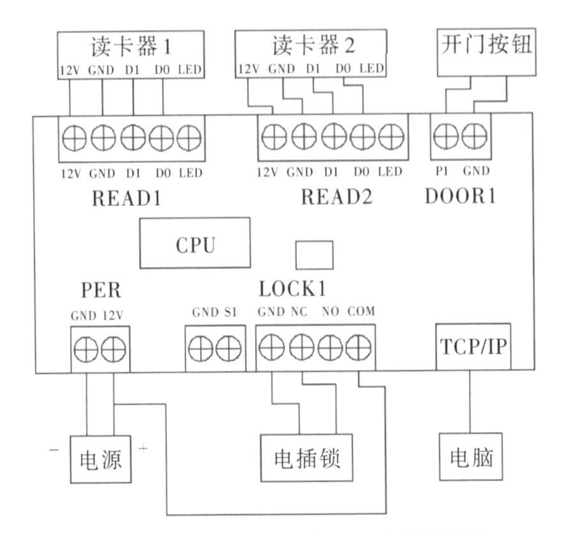

图3-6 单门双读门禁控制系统的接线图

通电检查：

(1)检查单门门禁控制器红色电源指示灯是否常亮。

(2)检查单门门禁控制器红、黄、绿工作指示灯是否正常闪烁。

(3)按下出门按钮，检查电插锁能否正常打开。

任务实施二：单门双读门禁控制系统的调试

一、门禁管理系统的软件安装

安装系统之前建议关闭其他正在运行的程序，以免安装过程中出现冲突。

打开并运行MjSystem V4.2.5.exe文件进入安装页面，步骤如图3-7所示。

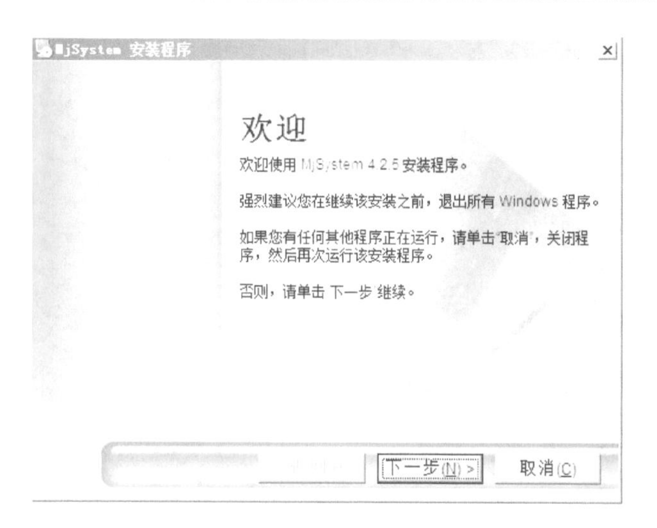

(a)点击"下一步"进入如图所示界面

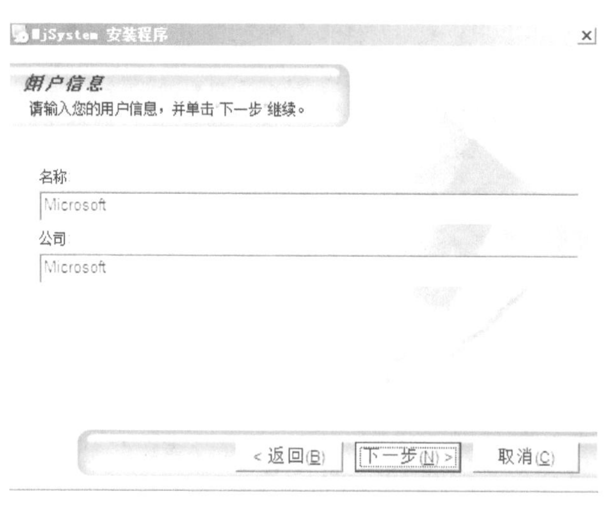

(b)点击"下一步"，选择安装路径

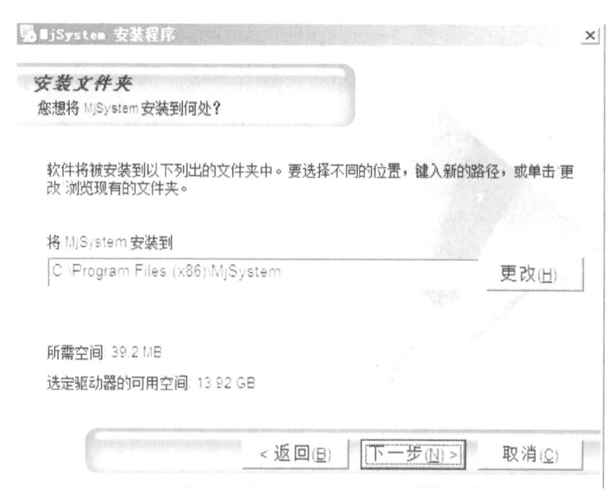

(c)继续点击"下一步"，直到完成安装

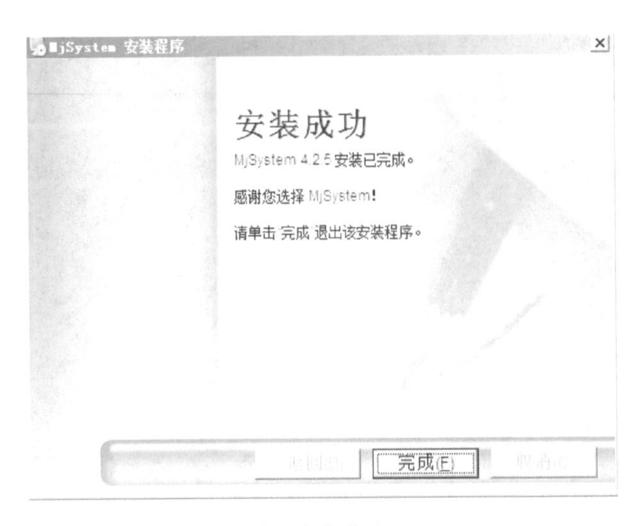

(d)安装成功

图3-7　门禁管理系统软件安装步骤

双击桌面上 图标，打开登录对话框，如图3-8所示。输入相关信息即可进入系统。

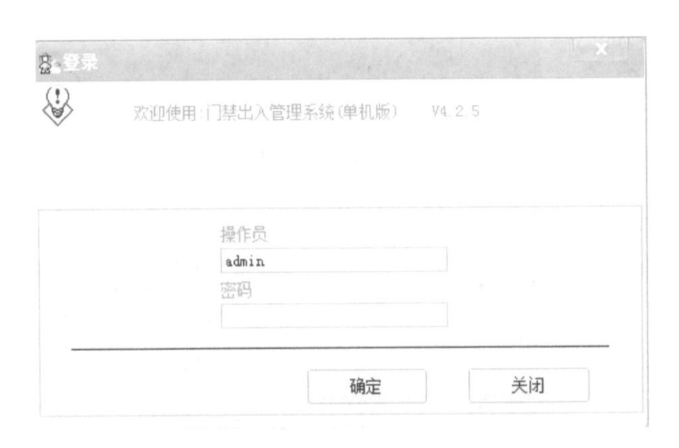

图3-8　门禁出入管理系统登录界面

二、门禁管理系统与门禁控制器的连接及配置

步骤1:进入设备管理界面。在工具栏点击“添加”，出现“添加/修改设备”界面，如图3-9所示。

图3-9　门禁管理系统设备添加界面

步骤2:在添加界面输入门禁控制器的设备序列号,S/N:×××××××(注:在设置时务必将产品序列号填写正确,否则设备与电脑之间将不能正常通信),输入正确,说明选项会自动填充设备名称,如:单门控制器。钩选TCP/IP局域网IP选项(门禁控制器和计算机必须在统一局域网中),单击“查找IP”,系统会自动填充IP网络地址及端口号,如图3-10所示。

图3-10　在添加界面输入门禁控制器的设备序列号

步骤3:接上图,单击“下一步”,出现门信息设置界面,如图3-11所示。

基本配置

门信息

门编号	门名称	开门延时(秒)	启用中文汉显(是否)	启用读卡器指示灯蜂鸣器(是否)	所属楼层
M0002-1	M0002-1	3			

读卡信息

读卡器编号	性质	考勤(是否)	启用密码键盘(是否)
1	进门-1	✔	✔
2	出门-2	✔	✔

一体机无中文汉显、密码键盘、读头指示灯蜂鸣器　　确定　　关闭

图3-11　门信息设置界面

在门信息配置界面中，门的名称可以根据实际情况来设定，如可设定成正门1号，后门2号等；开门延时可以根据实际需求来设定，通常为3s；启用中文汉显，钩选此选项，则可外接中文汉显读头；启用读头指示灯蜂鸣器，钩选此选项则设备可发送LED蜂鸣器信号。

读头信息设置：1.性质，可以根据此读头的安装位置来设定，如读头安装在门的外面，可以设定为进门，在门的里面可以设定为出门；2.考勤，此选项的作用是将此读头上所打卡的数据，作为员工的考勤时间来计算；3.密码键盘，钩选此选项后，可以设置进出门是否需要输入密码，此密码为用户资料的密码。用户没有设置密码，则无须输入密码。

步骤4：上传门参数。设置完了以后，必须统一进行上传设置，否则所有的设置无效。上传成功后，可点击“读取设备信息”按钮，查看门禁控制器的相关信息，如图3-12所示。

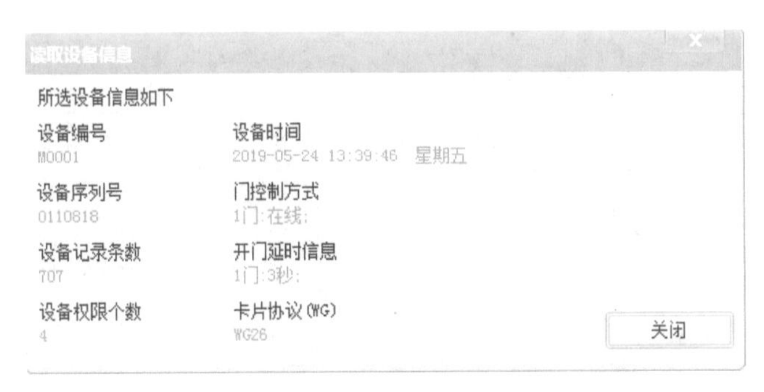

图3-12 读取设备信息

同时为了管理方便，点击“同步时间”可将门禁控制器时间与电脑时间同步，请先确定电脑时间是否正确，如图3-13所示。

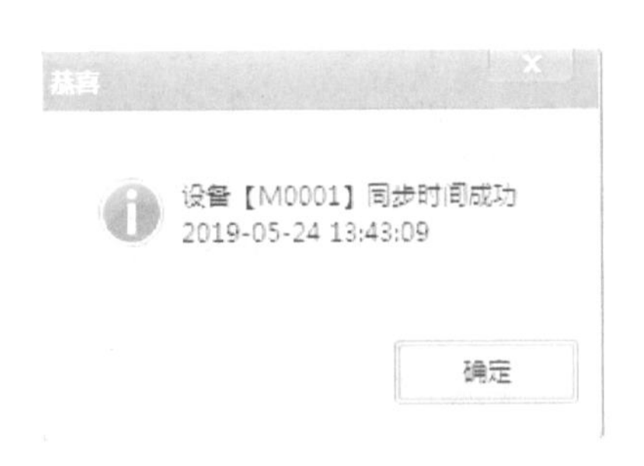

图3-13 同步时间

三、新用户增加

步骤1：添加部门。单击“部门资料管理”，在“部门名称”输入栏中，输入部门名称，如图3-14所示。

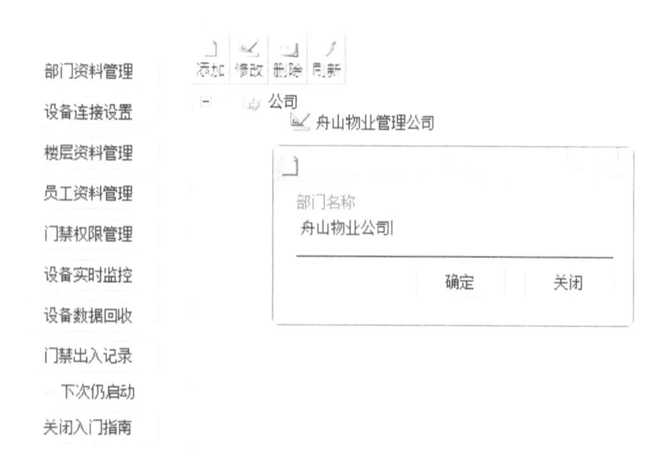

图3-14　部门资料管理

步骤2:单击“员工资料管理”,在“添加/修改员工资料”界面中,按照实际要求填写相关信息,在卡号这一栏,连接桌面发卡器(选用WG26通信格式发卡器,该门禁管理系统协议支持WG26),将空白IC卡放上后,可以自动获取IC卡号(8位),卡的有效期设置时间尽量长一点,可以为每一个员工输入一组开门密码。单击“确定”,即可完成员工信息的录入。如图3-15所示。

图3-15　员工资料管理

四、门禁权限分配

步骤1:单击“门禁权限管理”,打开权限分配的主界面,如图3-16所示。

查询 权限分配 删除权限 停止删除 上传权限 停止上传 导出 打印 全选 全不选 关闭

卡号 门名称 部门 〈全部〉 员工

员工编号 门名称 时间组编号 姓名 部门 卡有效期

图3-16 门禁权限管理

步骤2:单击“权限分配”,出现门禁权限分配界面,此操作是授予员工开门的权限,设定员工可以开启哪道门出入,也可以设定是在哪一段时间内开启哪一道门出入,如图3-17所示。

图3-17 门禁权限分配

步骤3:接上图,可以选择按门分配或者按员工分配权限。时间组编号:此选项用于控制员工在规定的时间内通过选定的门,共计最多254种个性化的时段。0表示全天不可以进入,1表示全天可以进入。选择相应的门编号,单击“查询按钮”,选中“门控制器”,将需要分配权限的员工添加进来即可,如图3-18所示。

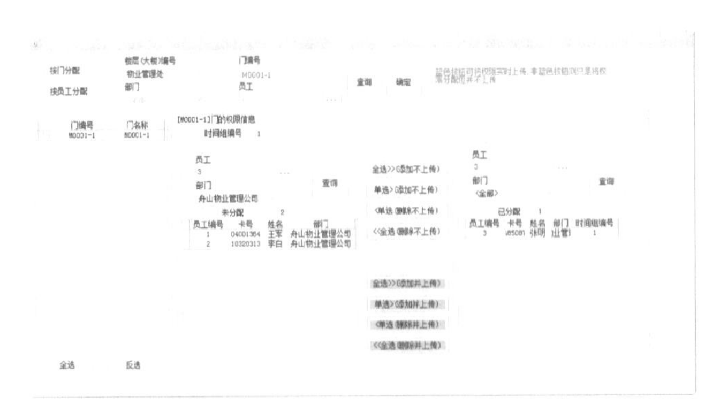

图3-18 员工权限分配

员工权限添加完成后，可在权限分配的主界面（图3-19），看到刚才添加的人员信息。

图3-19 权限分配的主界面

步骤4：完成权限分配后，必须将配置信息上传；否则读卡器无法识别用户信息。点击“上传权限”，可将选择的权限进行上传，如图3-20所示。

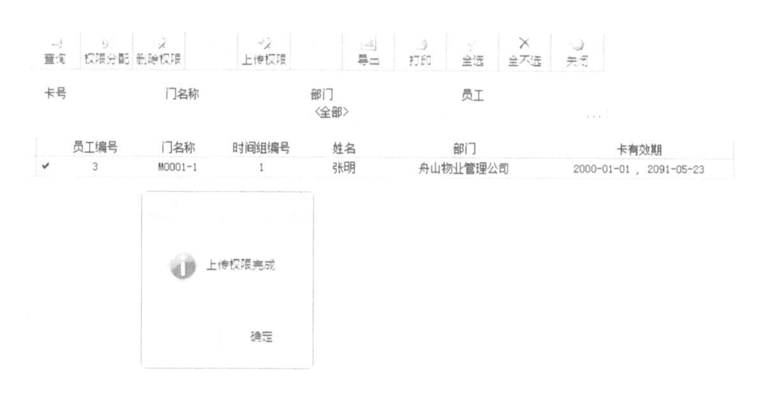

图3-20 上传权限

完成门禁权限分配后，我们可以用此IC卡+密码，刷卡进出；同时在门禁管理系统中，可以查看进出门员工的信息，也可以用Excel表格形式将记录导出，如图3-21所示。

查询 导出 打印 关闭

2019-05-01 00:00 —— 2019-05-24 23:59 部门 〈全部〉 员工

〈全部〉

M0001-1（M0001-1）--进门-1

员工编号	卡号	姓名	部门	时间	门名称	进出状态	通过检测
1	04001364	王军	舟山物业管理公司	2019-05-22 09:34:53	M0001-1	出门	不通过
1	04001364	王军	舟山物业管理公司	2019-05-22 09:35:04	M0001-1	出门	不通过
1	04001364	王军	舟山物业管理公司	2019-05-22 09:42:48	M0001-1	出门	不通过
1	04001364	王军	舟山物业管理公司	2019-05-22 09:45:19	M0001-1	出门	不通过
1	04001364	王军	舟山物业管理公司	2019-05-22 09:45:27	M0001-1	出门	不通过
1	04001364	王军	舟山物业管理公司	2019-05-22 10:26:52	M0001-1	出门	通过
1	04001364	王军	舟山物业管理公司	2019-05-22 10:35:53	M0001-1	出门	通过
1	04001364	王军	舟山物业管理公司	2019-05-22 10:36:05	M0001-1	出门	通过
1	04001364	王军	舟山物业管理公司	2019-05-22 10:36:20	M0001-1	出门	通过
1	04001364	王军	舟山物业管理公司	2019-05-22 10:37:27	M0001-1	出门	通过
1	04001364	王军	舟山物业管理公司	2019-05-22 10:37:50	M0001-1	出门	通过
1	04001364	王军	舟山物业管理公司	2019-05-22 10:39:16	M0001-1	出门	通过
1	04001364	王军	舟山物业管理公司	2019-05-22 10:41:33	M0001-1	出门	通过
1	04001364	王军	舟山物业管理公司	2019-05-22 10:44:44	M0001-1	进门	通过
1	04001364	王军	舟山物业管理公司	2019-05-22 10:46:27	M0001-1	进门	通过
1	04001364	王军	舟山物业管理公司	2019-05-22 10:50:17	M0001-1	出门	通过
1	04001364	王军	舟山物业管理公司	2019-05-22 10:50:26	M0001-1	进门	通过
1	04001364	王军	舟山物业管理公司	2019-05-22 10:52:49	M0001-1	出门	通过
1	04001364	王军	舟山物业管理公司	2019-05-22 11:59:27	M0001-1	出门	
1	04001364	王军	舟山物业管理公司	2019-05-22 11:59:27	M0001-1	出门	通过
2	10320313	李白	舟山物业管理公司	2019-05-22 10:52:01	M0001-1	出门	不通过
2	10320313	李白	舟山物业管理公司	2019-05-22 10:52:26	M0001-1	出门	不通过
2	10320313	李白	舟山物业管理公司	2019-05-22 10:53:39	M0001-1	出门	通过
2	10320313	李白	舟山物业管理公司	2019-05-22 10:53:50	M0001-1	进门	通过
2	10320313	李白	舟山物业管理公司	2019-05-22 11:59:46	M0001-1	进门	通过
2	10320313	李白	舟山物业管理公司	2019-05-22 11:59:46	M0001-1	进门	

图3-21 门禁刷卡记录

任务评价

任务评价如表3-3所示。

表3-3 任务评价表

评价项目	任务评价内容	分值	自我评价	小组评价	教师评价
职业素养	遵守实训室规程及文明使用实训器材	10			
	按实物操作流程规定操作	5			
	纪律、团队协作	5			
理论知识	认识门禁读卡器、门禁控制器	10			
	认识系统接线图	10			
实操技能	系统接线正确	20			
	门禁管理系统软件安装配置正确	10			
	系统调试成功	30			
总分		100			
个人总结					
小组总评					
教师总评					

任务二　四门单向门禁控制系统

任务准备

一、四门门禁控制器

1. 四门门禁控制器特点及原理

四门单向门禁控制器，顾名思义，就是指能控制4道门的门禁控制器，是一种真正基于TCP/IP 网络的IC卡、ID卡门禁控制器，可控制4道门的进门，采用32位ARM 7处理器为主控芯片，内部运行RTOS实时操作系统和FAMS 2存储管理系统。其广泛应用于跨区域、跨地域、跨网络，终端设备比较多，管理层次比较复杂的银行金库、军队、公安、政府机关、大型集团公司企事业单位。

四门门禁控制器拥有丰富的门禁功能，例如：脱机运行、实时监控、照片显示、海量存储、灵活的权限设置、远程开门、多用户管理、批量和少量快速设置、方便查询、报表统计格式修改和打印输出到Excel文件、卡+密码、门长时间未关闭报警、非法卡刷卡报警、管理卡开门、非法闯入报警、定时开门、电子地图等功能。

2. 四门门禁控制器分类

四门门禁控制器按照四门控制器和管理电脑的通信方式，分为RS485联网型门禁控制器、TCP/IP网络型门禁控制器、不联网门禁控制器。

四门门禁控制器根据每个门可接读卡器的数量分为单向控制器和双向控制器。

其按照设计原理分为控制器自带读卡器和控制器不带读卡器。

3. 四门门禁控制器的结构及定义

如图3-22，是我们此次任务采用的四门单向IC卡、ID卡门禁控制器，采用TCP/IP通信方式，工作电压12 V，支持ACCESS和SQL数据库。

门禁控制器的安装要考虑到控制器和读卡器之间的距离，理想的传输距离是100 m之内。图3-23是它的接口结构图，控制器带有4个读卡器接口[Wiegand(韦根)通信方式]，4个出门按钮接口，4个门磁输入接口，4个电锁输出接口，1个TCP/IP通信接口。读卡器接线端子说明如表3-4所示。门锁和门磁控制接线端子说明如表3-5所示。出门按钮接口说明如表3-6所示。

图3-22　TCP/IP网络型四门单向门禁控制器

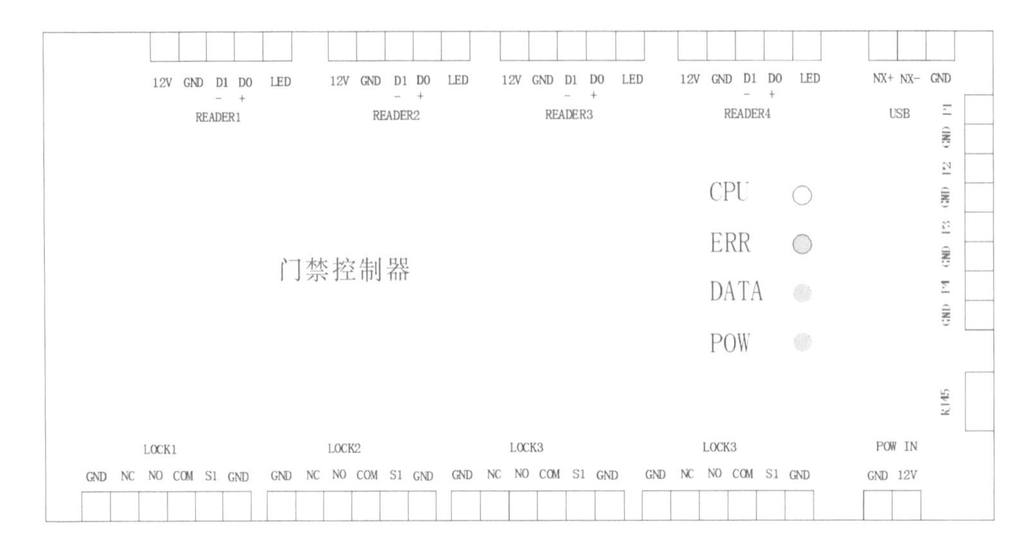

图 3-23 四门门禁控制器接口结构

表 3-4 读卡器接线端子说明

接 口	接线端子	说 明
READER1(1号门进门读卡器)	LED	韦根读卡器
	D0	
	D1	
	GND	读卡器电源
	12V	
READER2(2号门进门读卡器)	LED	韦根读卡器
	D0	
	D1	
	GND	读卡器电源
READER3(3号门进门读卡器)	LED	韦根读卡器
	D0	
	D1	
	GND	读卡器电源
	12V	
READER4(4号门进门读卡器)	LED	韦根读卡器
	D0	
	D1	
	GND	读卡器电源
	12V	

表 3-5 门锁和门磁控制接线端子说明

接　口	接线端子	说　明
LOCK1(1号门锁控制输出接口、门磁输入接口)	COM	锁电源12V输入
	NO	断电关锁
	NC	断电开锁
	GND	接地端
	S1	门磁输入
	GND	
LOCK2(2号门锁控制输出接口、门磁输入接口)	COM	锁电源12V输入
	NO	断电关锁
	NC	断电开锁
	GND	接地端
	S1	门磁输入
	GND	
LOCK3(3号门锁控制输出接口、门磁输入接口)	COM	锁电源12V输入
	NO	断电关锁
	NC	断电开锁
	GND	接地端
	S1	门磁输入
	GND	
LOCK4(4号门锁控制输出接口、门磁输入接口)	COM	锁电源12V输入
	NO	断电关锁
	NC	断电开锁
	GND	接地端
	S1	门磁输入

表 3-6 出门按钮接口说明

接　口	接线端子	说　明
DOOR1(1号门出门按钮)	GND	接地端
	P1	出门按钮
DOOR2(2号门出门按钮)	GND	接地端

续 表

接　口	接线端子	说　明
DOOR2(2号门出门按钮)	P2	出门按钮
DOOR3(3号门出门按钮)	GND	接地端
	P3	出门按钮
DOOR4(4号门出门按钮)	GND	接地端
	P4	出门按钮

二、韦根协议

1. 基本概念

韦根(Wiegand)协议是国际上统一的标准,是由摩托罗拉公司制定的一种通信协议。它适用于涉及门禁控制系统的读卡器和卡片的许多特性。它有很多格式,标准的26-BIT应该是最常用的格式;此外,还有34-BIT、37-BIT等格式。而标准26-BIT格式是一个开放式的格式,这就意味着任何人都可以购买某一特定格式的IC卡,并且这些特定格式的种类是公开可选的。26-BIT格式就是一个广泛使用的工业标准,并且对所有IC卡的用户开放。几乎所有的门禁控制系统都接受标准的26-BIT格式。

韦根数据输出由两根线组成,分别是DATA0和DATA1;两根线分别为0或1输出。输出"0"时,DATA0线上出现负脉冲;输出"1"时,DATA1线上出现负脉冲。

例如:数据1011时序如图3-24所示。

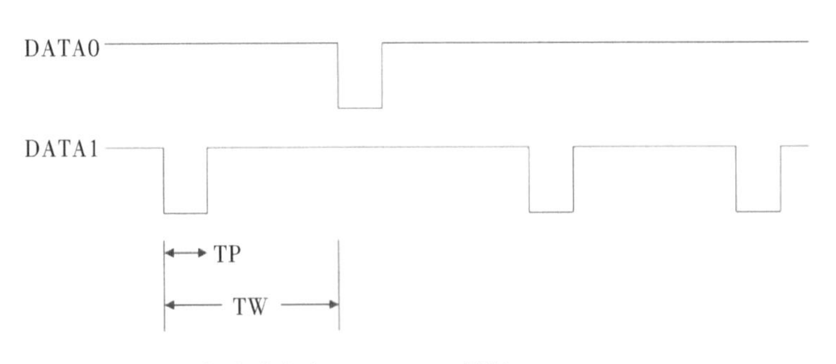

负脉冲宽度TP=100 us;周期TW=1000 us

图3-24　数据1011时序

2. 常见的韦根协议输出格式

（1）韦根26位输出格式，如图3-25所示。

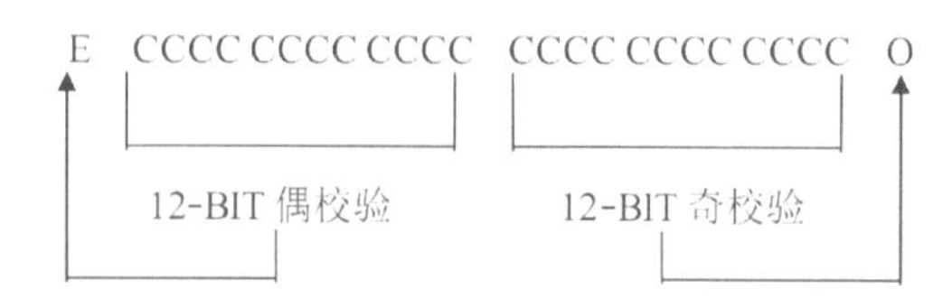

图3-25　韦根26位输出格式

各数据位的含义：

第1位：为输出数据2—13位的偶校验位。

第2—9位：ID卡的HID码的低8位。

第10—25位：ID卡的PID号码。

（2）第26位：为输出数据14—25位的奇校验位。

韦根34位输出格式，如图3-26所示。

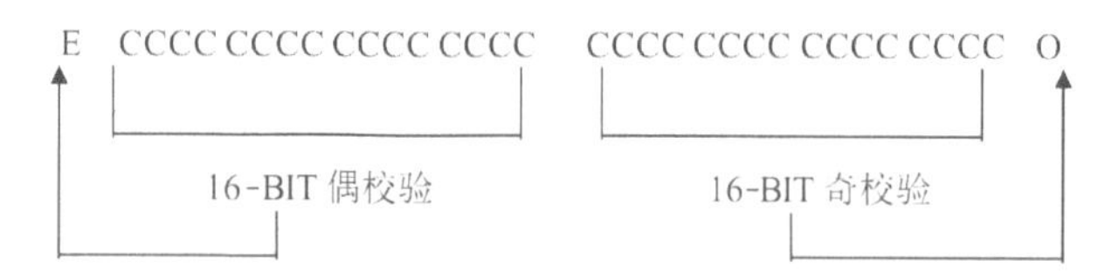

图3-26　韦根34位输出格式

各数据位的含义：

第1位：为输出数据第2—17位的偶校验位。

第2—17位：ID卡的HID码。

第18—33位：ID卡的PID号码。

第34位：为输出第18—33位的奇校验位。

HID号码即Hidden ID code隐含码，PID号码即Public ID code公开码。PID很容易在读出器的输出结果中找到，但HID在读出器的输出结果中被部分或者全部隐掉。如果卡中的HID与读卡器中的HID不同，那么这张卡就无法在这个读卡器上正常工作。

任务实施一：四门单向门禁控制系统的安装

一、器件及材料准备

四门单向门禁控制系统所需的器件及材料，如表3-7所示。

表 3-7 四门单向门禁控制系统所需准备的器件及材料

序号	名称	型号或规格	图片	数量	备注
1	电插锁	断电开门型	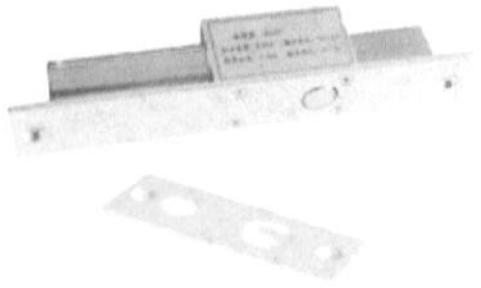	4个	
2	出门按钮	86型		4个	
3	门禁电源	延时控制门禁电源	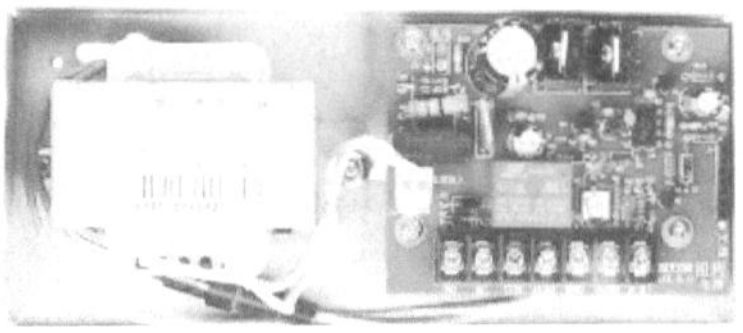	1个	
4	读卡器	WG26通信型		4个	
5	门禁控制器	蓝本四门单向门禁控制器		1个	
6	计算机			1台	
7	门禁管理系统安装程序	门禁通道管理系统 V5.3		1套	
8	螺丝刀			1把	
9	连接导线			根据需求确定	

二、系统接线

系统接线，如图3-27所示。

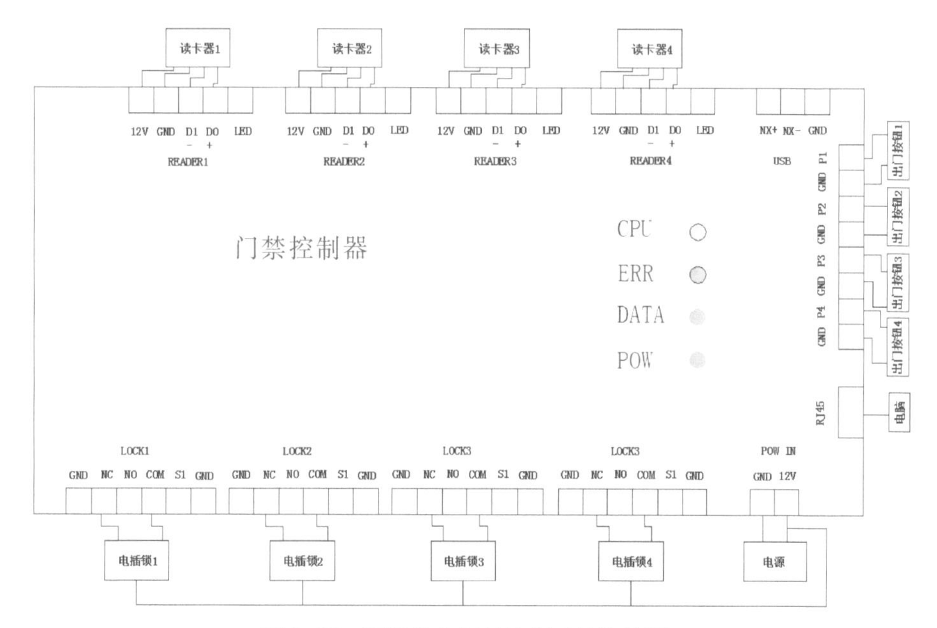

图3-27　四门单向门禁控制系统接线图

三、通电检查

（1）检查四门单向门禁控制器红色电源指示灯是否常亮。

（2）检查四门单向门禁控制器工作指示灯是否正常闪烁。

（3）分别按下四个出门按钮，检查电插锁能否正常打开。

任务实施二：四门单向门禁控制系统的调试

一、门禁通道管理系统的软件安装

安装软件之前，建议关闭其他正在运行的程序，以免安装过程中出现冲突。安装方法参照本项目任务实施一。

完成软件安装后，双击桌面上的图标，打开登录对话框，如图3-28所示。

图3-28 门禁通道管理系统登录界面

二、门禁通道管理系统与门禁控制器的连接及配置

步骤1：进入设备管理界面，在工具栏点击“添加”，出现“添加/修改设备”界面，如图3-29所示。

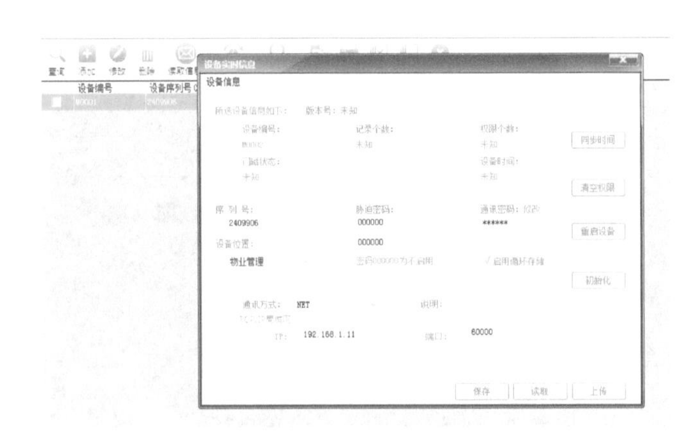

图3-29 添加/修改设备界面

在进行信息输入之前，最好将设备初始化(单击“初始化”按钮即可)。完成初始化工作后，输入设备上的序列号，S/N：×××××××(注：在设置时务必将产品序列号填写正确，否则设备与电脑之间将不能正常通信)，通信方式选择NET方式，输入此设备在局域网中的IP地址及端口号(IP及端口号，可通过工具栏的搜索设备选项获取)。在“说明”栏填写正确的设备名称，如：四门控制器。

步骤2：设置基本参数。点击“读取”，查看设备信息是否正常，比如时间有无偏差，如图3-30所示，是成功读取了设备信息的界面(显示设备时间跟记录权限条数)，时间有偏差的话，就点下“同步时间”即可。

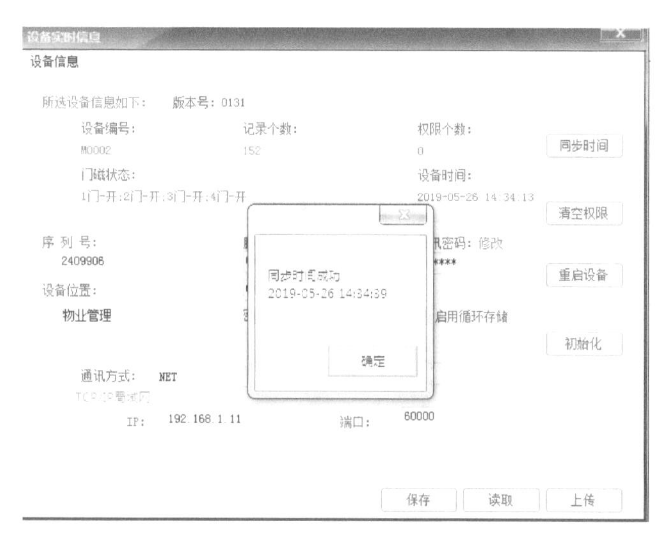

图 3-30　设备实时信息

步骤 3:保存配置参数及上传。设置完成基本参数后,点击“上传”按钮,即可完成参数配置信息的保存,如图 3-31 所示。

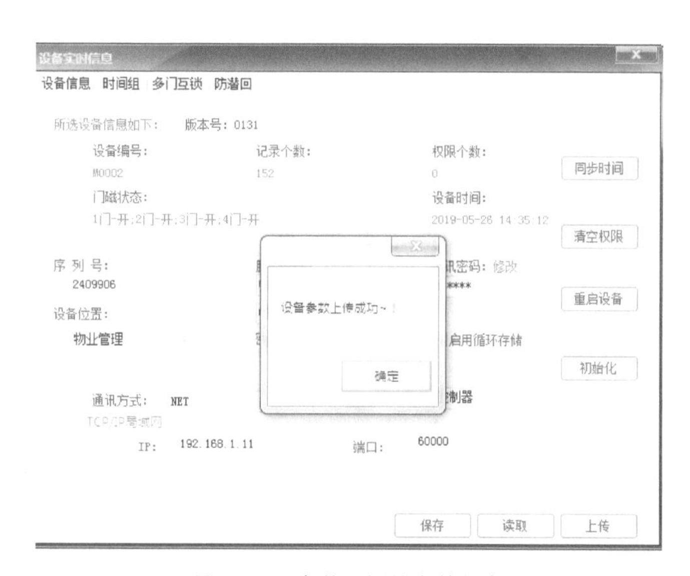

图 3-31　参数配置信息的保存

三、新用户增加

步骤 1:添加公司资料。单击“公司资料管理”,输入公司名称及相关信息,如图 3-32 所示。

图3-32　公司资料管理界面

步骤2:添加部门。单击“部门资料管理”,在“部门名称”输入栏中输入部门名称,如图3-33所示。

图3-33　添加部门界面

步骤3:单击“员工资料管理”,在“添加/修改员工资料”界面按照实际要求,填写相关信息。在卡号这一栏,连接桌面发卡器(选用WG34通信格式,该门禁管理系统软件只支持WG34通信协议),将空白IC卡放上后,可以自动获取IC卡号(10位卡号),卡有效期自定义修改,有效期时间尽量长一点,超过有效期,该卡即无法使用,可以为每一个员工输入一组开门密码。单击“确定”,即完成了员工信息的录入工作,如图3-34所示。

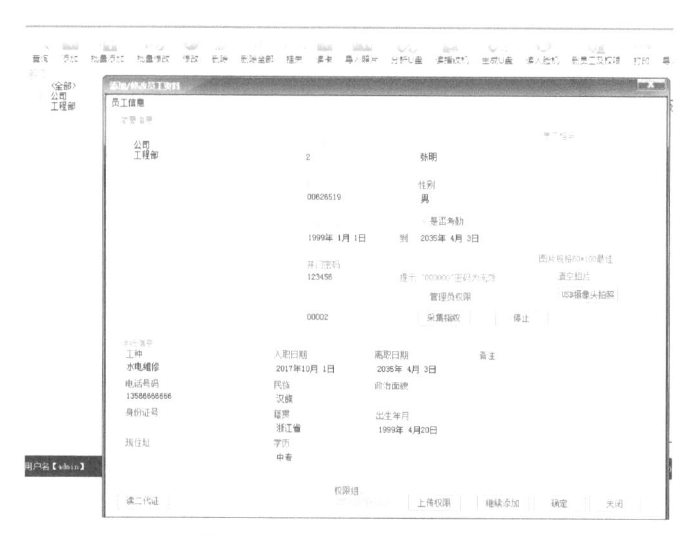

图3-34　添加/修改员工资料

四、门禁权限分配

步骤1:单击“权限设置”,打开权限分配的主界面,如图3-35所示。

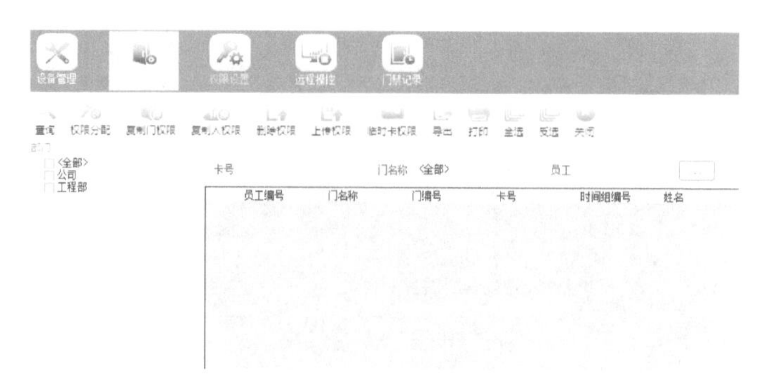

图3-35　权限分配主界面

步骤2:单击“权限分配”,出现门禁权限分配界面。此操作是授予员工开门的权限,设定员工可以开启哪道门出入,也可以设定是在哪一段时间内开启哪一道门出入。控制时间组:此选项用于控制员工在规定的时间内通过选定的门,共计最多254种个性化的时段。0表示全天不可以进入,1表示全天可以进入。选择相应的部门及人员,完成门禁权限分配后,单击“新增权限”,进行信息保存。如图3-36所示。

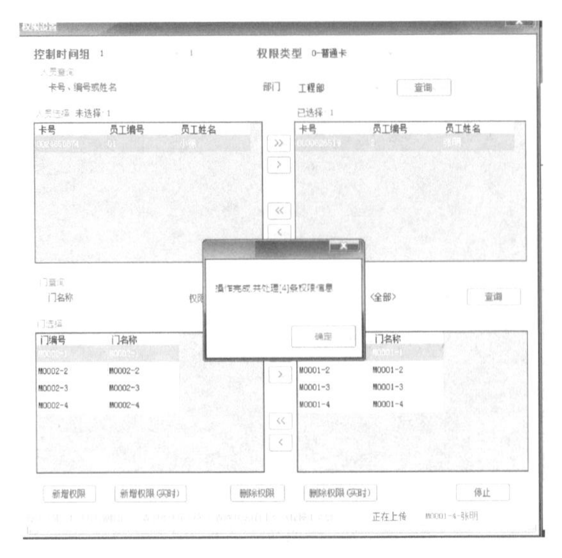

图 3-36　门禁权限分配界面

步骤 3:完成权限分配后,必须将配置信息上传,否则读卡器无法识别用户信息。钩选要分配权限的员工,点击“上传权限”,可将选择的权限进行上传,如图 3-37 所示。

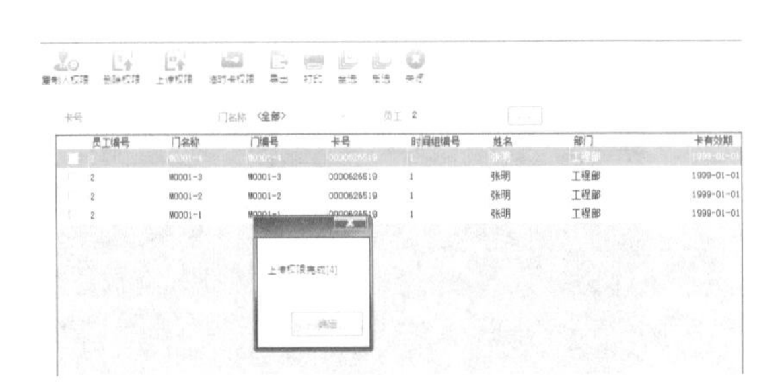

图 3-37　上传权限

权限上传后,可以用此 IC 门禁卡或者开门密码完成四门单向控制。

思考:如何设置开门方式为卡+密码?

任务评价

任务评价如表 3-8 所示。

表 3-8　任务评价

评价项目	任务评价内容	分值	自我评价	小组评价	教师评价
职业素养	遵守实训室规程及文明使用实训器材	10			

续　表

评价项目	任务评价内容	分值	自我评价	小组评价	教师评价
职业素养	按实物操作流程规定操作	5			
	纪律、团队协作	5			
理论知识	认识门禁读卡器、四门单向门禁控制器	10			
	认识系统接线图	10			
实操技能	系统接线正确	20			
	门禁通道管理系统软件安装配置正确	10			
	系统调试成功	30			
总分		100			
个人学习总结					
小组总评					
教师总评					

练一练

一、填空题

1. 门禁读卡器根据通信方式可分为________和________两种，目前大部分的门禁通信类型都______________。WG通信又分为________，________，________等。

2. 门禁控制器，又称为________________，是门禁系统的中枢，相当于计算机的CPU，内部由____________、____________、____________、____________、____________等组成。

3. Wiegand协议是国际上统一的标准，是由________________制定的一种通信协议。

4. 韦根数据输出由________组成，分别是________和________；两根线分别为0或1输出。输出“0”时，DATA0线上出现________；输出“1”时，DATA 1线上出现________。

5. 按照四门控制器和管理电脑的通信方式，四门门禁控制器分为__________________、__________________、__________________。

6. 四门门禁控制器按可接读卡器数分为______________和______________。按照设计原理分为______________和______________。

二、简答题

1. 比较韦根26位、韦根34位输出格式的异同。

2. 简述门禁读卡器的工作原理。

项目四　楼宇对讲门禁系统

项目目标

1. 了解楼宇对讲系统的组成、类型、性能及应用。
2. 熟练掌握各楼宇对讲系统的安装、调试、配置方法。
3. 熟练掌握各楼宇对讲系统的软件使用方法。

任务情景

楼宇对讲系统采用先进的计算机控制技术、管理软件和节能系统程序，使建筑物机电或建筑群内的设备有条不紊、综合协调、科学运行，从而达到有效保证建筑物内有舒适的工作环境，实现节能、节省维护管理工作量和运行费用的目的。

最初一代的楼宇对讲系统只有安防报警系统、对讲系统、门禁一卡通系统，如图4-1(a)所示。随着科学技术的进步，第二代楼宇对讲系统加入了视屏监控系统，客户可以通过视频看到来访人员并通过对讲功能进行对话，如图4-1(b)所示。而最新一代的楼宇对讲系统在拥有视频系统的情况下融入了互联网技术，如图4-1(c)所示。

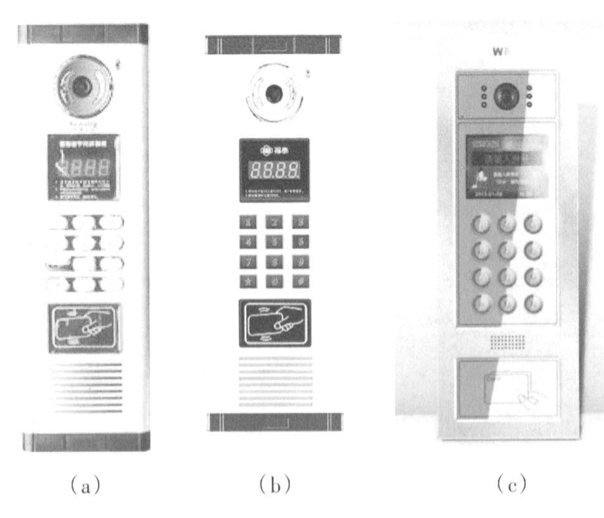

(a)　(b)　(c)

图4-1　楼宇对讲系统

任务一　非可视楼宇对讲系统

任务准备

一、楼宇对讲系统主机

楼宇对讲系统主要由主机和多个分机组成。对讲主机是楼宇对讲系统中最重要的部分，包含了按键显示模块、语音模块和主站通信模块。其中，按键显示模块有设置参数、住户拨号、设置密码、门禁刷卡等功能操作，语音模块用来让主人与客人进行语音通信，主站通信模块用来接收和发送通信协议。如图4-2为非可视楼宇对讲系统主机。

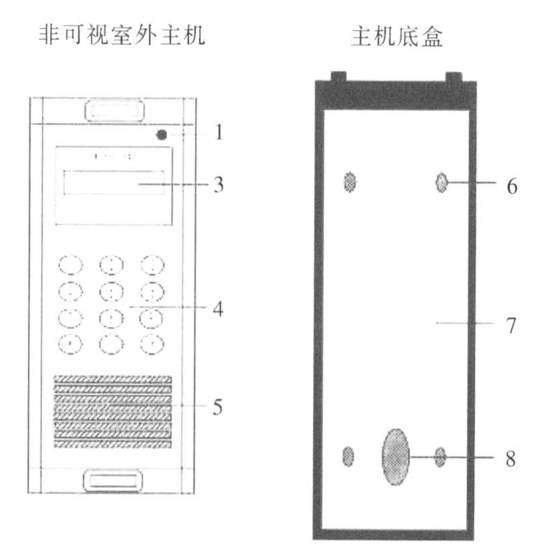

1.咪头　3.数码管显示　4.键盘　5.喇叭　6. 固定螺丝孔　7.底盒　8.出线孔

图4-2　非可视楼宇对讲系统主机

二、非可视楼宇对讲系统分机

非可视楼宇对讲系统分机由从站通信模块、解码模块和通话机模块组成，从站通信模块作为从机在通信总线上接收数据，解码模块用来识别总线上的编码，通话机用来对话。如图4-3为非可视楼宇对讲系统分机。

图 4-3　非可视楼宇对讲系统分机

三、解码器编码设置

拨码开关：拨上为开，拨下为关。拨码开关对应的十进制关系如图 4-4 所示，在电路板上从左到右有字符 128、64、32、16、8、4、2、1，表示该拨码开关对应一个十进制数的权值关系。第 1 个拨码开关的权值是 128，第 2 个拨码开关的权值是 64，第 3 个拨码开关的权值是 32，第 4 个拨码开关的权值是 16，第 5 个拨码开关的权值是 8，第 6 个拨码开关的权值是 4，第 7 个拨码开关的权值是 2，第 8 个拨码开关的权值是 1。解码器物理地址的计算方法：所有拨码开关的权值相加。拨码开关拨上为开，表示该拨码开关的权值有效；拨码开关拨下为关，表示该拨码开关的权值为 0。

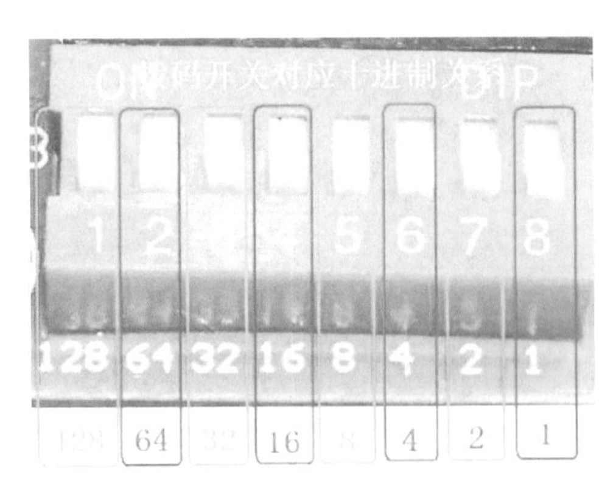

图 4-4　拨码开关对应的十进制关系

任务实施一：非可视楼宇对讲系统安装

一、器件及材料准备

非可视楼宇对讲系统需准备的器件及材料如表4-1所示。

表4-1　非可视楼宇对讲系统需准备的器件及材料

序号	名　称	型号或规格	图　片	数　量	备注
1	电控锁	断电开门型	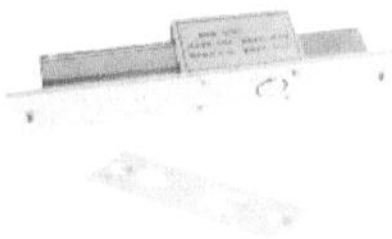	1个	
2	出门按钮	86型		1个	
3	解码器	拨码解码器	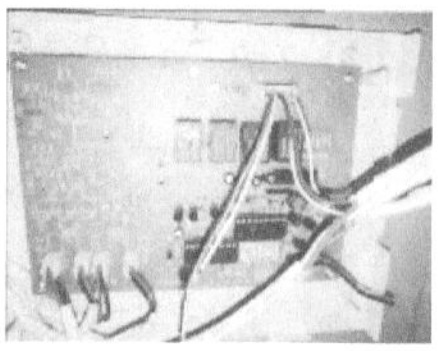	1个	
4	门禁分机	非可视楼宇对讲分机		1个	
5	门禁主机	非可视楼宇对讲主机		1个	
6	螺丝刀			1把	
7	连接导线			根据需求确定	

二、系统接线

主机与从机通过总线的方式相连，多个从机挂载在总线上。图4-5为非可视楼宇对讲系统接线图。

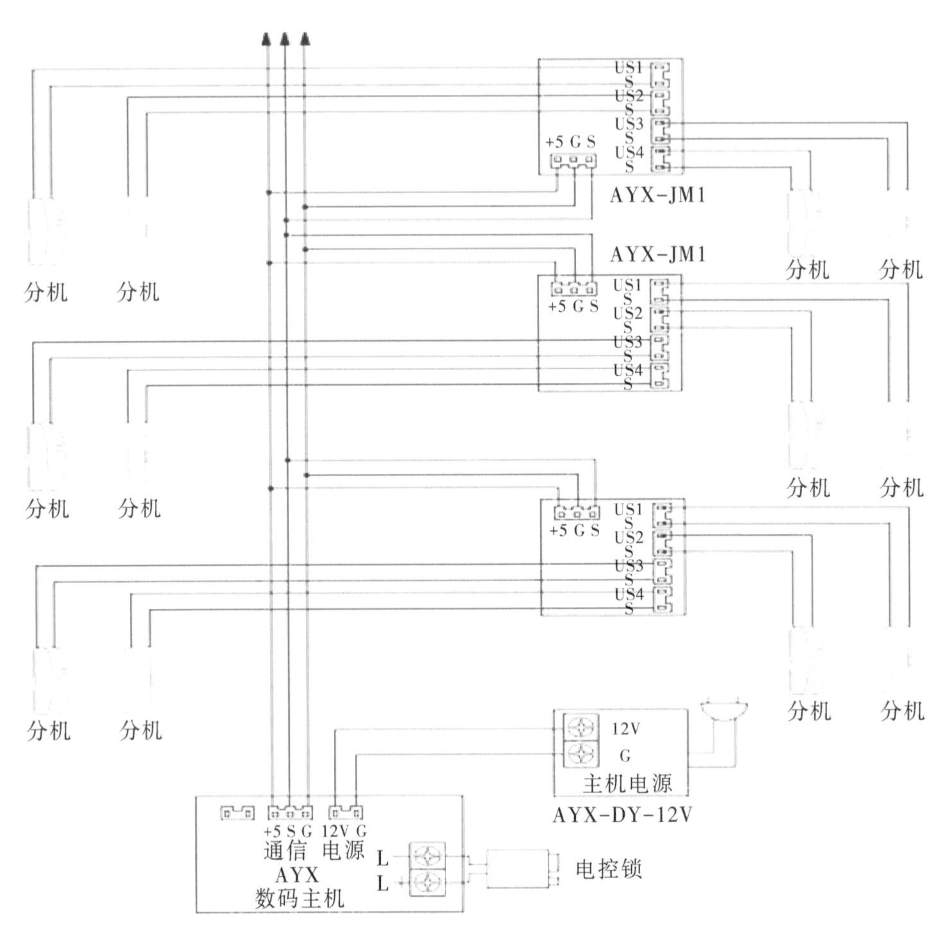

图4-5 非可视楼宇对讲系统接线图

任务实施二：非可视楼宇对讲系统的调试

一、进入主机管理后台

步骤1：将主机和各个分机接线完成后，让主机通电。数码管显示“PLAY”，表示系统正在运行，并进入待机状态。

步骤2：按“#”键后，数码管显示“- - - - - -”，输入6位有效的管理员密码，可进入主机管理后台；正确输入密码的格式是：按“#”键+6位密码+按“#”键，即按“#017368#”。原始出厂密码是017368。注意在进入管理后台时，如果密码错误，主机将自动返回到“PLAY”状态。

步骤3：正确输入密码后主机显示“P - - 1”。在主机管理后台中按“0”键实现翻页功能，可在“P - - 1”“P - - 2”“P - - 3”“P - -4”“P - -5”“P - -6”“P - -7”之间循环。在所有操作中，按“#”键为确认，按“*”键为退出。

二、进房号设置

步骤1：手工编写房号（增加房号），主机在“PLAY”待机状态，输入密码进入管理后台后，主机的数码管显示“P - - 1”，按“#”键确定，窗口出现“000”。

步骤2：输入需要设置房号的解码器的物理地址，000—255范围；如001，输入“001”后按“#”键确定。显示“1”，表示第1间房间，按“#”键确定，显示“F F F F”，表示房间的房号，可以输入3位或4位房号，不足4位的在房号前面加“0”，如输入“0 1 0 1”表示为第1间房的房号，按“#”键确定。显示“2”，表示第2间房间，按“#”键确定，显示“F F F F”，表示房间的房号，可以输入3位或4位房号，不足4位的在房号前面加“0”，如输入“0 1 0 2”表示为第2间房的房号，按“#”键确定。显示“3”，表示第3间房间，按“#”键确定，显示“F F F F”，表示房间的房号，可以输入3位或4位房号，不足4位的在房号前面加“0”，如输入“0 1 0 3”表示为第3间房的房号，按“#”键确定。显示“4”，表示第4间房间，按“#”键确定，显示“F F F F”，表示房间的房号，可以输入3位或4位房号，不足4位的在房号前面加“0”，如输入“0 1 0 4”表示为第4间房的房号，按“#”键确定并保存，第一个解码器4间房的房号设置完成。

步骤3：当设置好第一个解码器，此时主机会自动进入下一个解码器的物理地址。显示“002”，为第2个解码器的物理地址，如需设置，可继续重复以上的方法，设置“002”的4间房的房号；如不需设置，可按“*”键退出，并返回到“PLAY”待机状态。特别注意房间的房号不能重复，不能编写相同的房号，在同一个主机里房号必须是唯一的。

三、增加开门密码

在呼通分机的情况下，按住分机的开锁键不放，5s后数码管显示“- - - -”。此时输入4位有效的开门密码，按“#”键保存；增加开门密码完成，密码是不可见的，密码将显示成“F F F F”，请记好密码。增加开门密码的正确格式是：“- - - -”4位密码+“#”键保存。所有密码必须在最后一次按下按键起3s内连续输入完成，否则，主机会因超时操作而取消当前操作。特别提示，主机可以设置1024个独立密码，即每个分机可以设置一个密码，也可以只设置一个密码（所有用户共用一个密码）。

四、输入房号呼叫分机(开锁)

呼叫分机:主机在待机状态下,按下任意数字按键输入3位或4位房号呼叫。主机具有自动识别房号功能,可识别3位或4位房号。如果输入的是3位房号,主机将等待3s后才呼叫分机;如果输入的是4位房号,主机将立刻呼叫分机。以输入房号“201”示例:按下数字按键输入“201”,主机等待3s后呼叫分机,或按下数字按键输入“0201”后主机立刻呼叫分机;所有房号必须在最后一次按下按键起3s内连续输入完成,否则,主机会因超时操作而取消当前操作;如果房号无效,或没有接分机,主机自动返回到“PLAY”状态。

任务评价

任务评价如表4-2所示。

表4-2 任务评价表

评价项目	任务评价内容	分值	自我评价	小组评价	教师评价
职业素养	遵守实训室规程及文明使用实训器材	10			
	按实物操作流程规定操作	5			
	纪律、团队协作	5			
理论知识	认识非可视楼宇对讲系统主机、分机和解码器	10			
	认识系统接线图	10			
实操技能	系统接线正确	20			
	非可视楼宇对讲系统配置正确	10			
	系统调试成功	30			
总分		100			
个人总结					
小组总评					
教师总评					

❖ 任务二　可视楼宇对讲系统 ❖

任务准备

一、彩色可视数码主机

彩色可视数码主机在第一代楼宇对讲系统中加入了视频系统，并且在连线方式上有了很大的提升，将原来的多根数据线集成在网线中，硬件接口为RJ45。这种连线方式不仅简单美观，也大大提升了系统的可靠性。

二、彩色可视数码分机

可视数码分机的硬件用一个带液晶屏的控制器代替了原有的电话机。数据线也和可视数码主机一样集成在网线中，为了将所有分机接入总线中，分机会有一组并联的主机干线输入和主机干线输出接口，每个分机只能扩展4组用户。它具有以下6种功能：

(1)显示器具有高分辨率和清晰的图像。

(2)分机可以发出呼叫振铃声。

(3)用户可以与来访者(或管理中心)通话，并可按开锁键开启电控门锁。

(4)系统具备显示来访的影像和通话保密功能。

(5)系统空闲时，可启动监视功能，主动察看户外情况。

(6)可增设两个防区，1号防区不可布撤防，2号防区可布撤防。

三、解码分配器

可视楼宇对讲系统的解码分配器由16个引脚的排针组成，如图4-6所示。两个排针作为一组，上、下4组排针分别代表解码器序号个位和十位的8421BCD码。当接上跳线帽的时候代表短路“1”，不接跳线帽的时候代表开路“0”。解码分配器序号设定如图4-7所示。

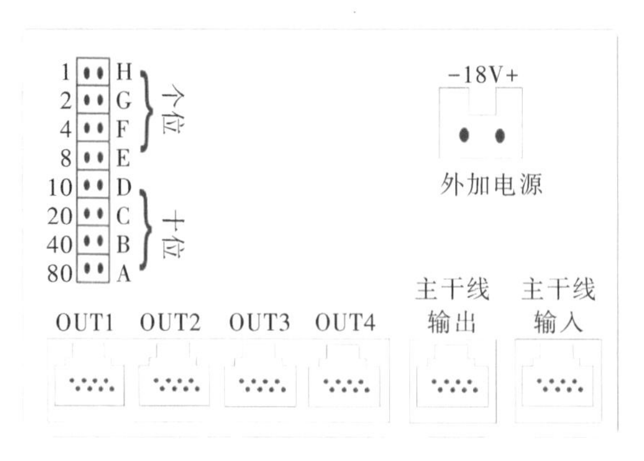

图 4-6　可视解码分配器结构

解码器序号	80　40　20　10（十位）	8　4　2　1　（个位）
01	0　0　0　0	0　0　0　1
02	0　0　0　0	0　0　1　0
⋮	⋮	⋮
99	1　0　0　1	1　0　0　1

图 4-7　解码分配器序号设定

四、读卡器和电子门锁

用户可以使用IC卡打开电子门锁，可视楼宇对讲系统通过设置能够添加、删除IC卡。读卡器通过IC卡获得的信息，与系统中的信息进行比对。当核对信息正确之后，电子门锁将会打开。图4-8为可视楼宇对讲系统控制的静音锁。

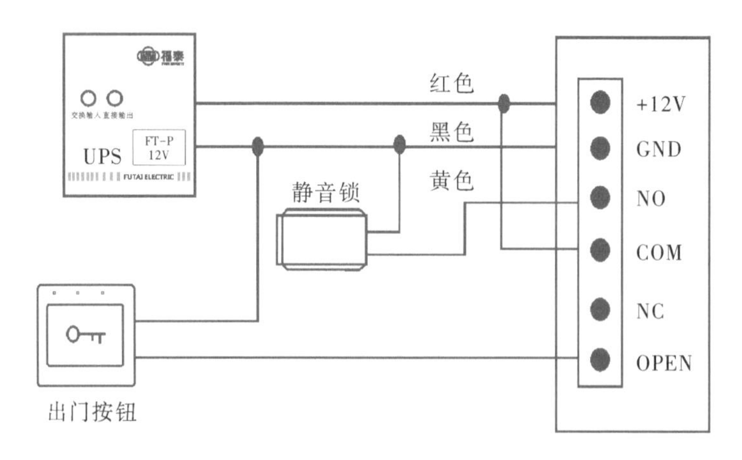

图 4-8　电子静音锁

任务实施一：可视楼宇对讲系统的安装

一、器件及材料准备

可视楼宇对讲系统需准备的器件及材料，如表4-3所示。

表4-3　可视楼宇对讲系统需准备的器件及材料

序号	名　称	型号或规格	图　片	数　量	备注
1	电控锁	断电开门型		1个	
2	出门按钮	86型		1个	
3	门禁分机	可视楼宇对讲分机		1个	
4	门禁主机	可视楼宇对讲主机		1个	
5	读卡器			1个	
6	螺丝刀			1把	
7	连接导线			若干	

二、系统接线

图4-9为可视楼宇对讲系统接线图。

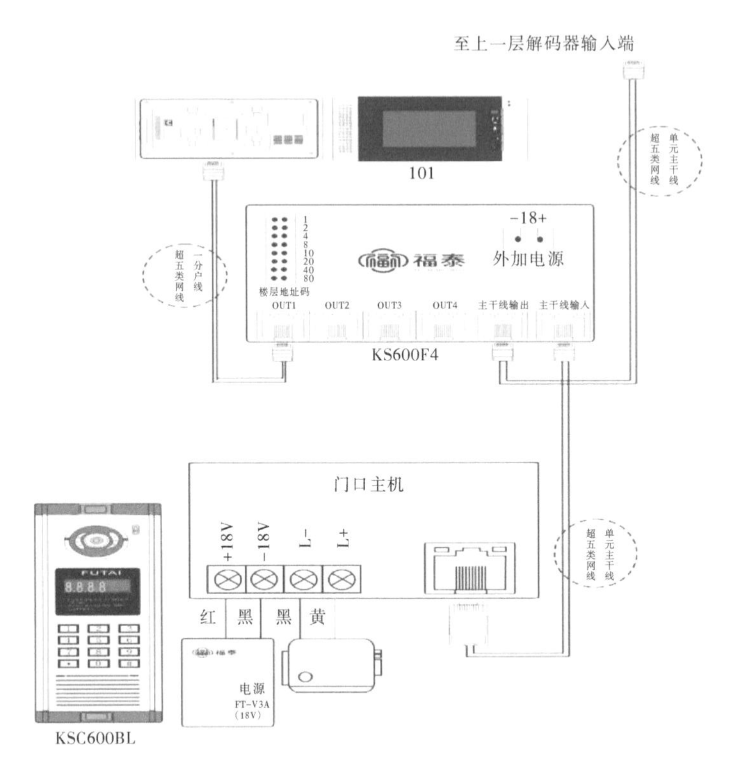

图4-9　可视楼宇对讲系统接线图

任务实施二：可视楼宇对讲系统的调试

一、主机手动万能编码方式设置

步骤1：先按"* *00×××× * *40"清除所有房号。

步骤2：按"* *00×××× * *15"可进入万能编辑方式，可设置任意房号。主机显示输出端地址Y011（解码分配器地址+输出端号），表4-4为主机输出端地址。

表4-4　主机输出端地址

Y	01	1	表示第一个解码器OUT-1输出端
解码器序号提示	解码器序号	输出端号	

步骤3:键入解码分配器地址,解码分配器序号(2位)+输出端号(1位)。例:主机显示“Y324”,表示第32个解码分配器 OUT-4输出端的原有房号。如原有房号是“3204”,键入用户选定房号如“8888”,则本住房号改为“8888”。

步骤4:按“*”键,依次查阅各解码分配器地址已设定的房号。按“ # ”键结束。

二、IC卡门禁设置

步骤1:打开门禁软件,用户名admin,口令111111。

步骤2:系统设定——通信接口,为发卡器和门禁选择串口,波特率固定为19200B/S。串口默认都为COM1,具体根据实际使用选择。选择完成后,点击“应用设定”。之后点击“检测发卡器”会有成功或者失败的提示。

步骤3:设备管理——门禁设备管理——添加控制器(输入控制器拨码编号和安装实际地址,编号是1的就填1,安装在1号楼,就在安装地址里填1号楼),之后点击“确定”添加。

步骤4:用户资料——机构设置——点击鼠标右键,选择“添加同级”,可以添加“部门/楼号”,选择所添加的部门/楼号,点击鼠标右键,选择“添加子级”可以添加“班组/单元”(添加:1楼号1单元)。

步骤5:用户资料——人员信息——添加新用户,姓名“张三”,选中部门班组/楼号单元下拉菜单中的1号楼1单元,依次可输入其他信息,点击“确定”添加。

步骤6:卡片发行——门禁卡发行——在界面人员列表中选择已经添加的用户,选择后会在左下角“目标用户”中显示其姓名,然后选择有效期、一天中通行时段等权限参数,再在右边门禁设备列表中钩选需要授权的门禁设备编号。然后点击“开始”,提示“命令发送成功,请刷卡”,把卡片在发卡器上刷一下,提示“刷卡成功”,卡号为“×××× ××××”,这样卡片就授权完成,点击“停止”。把卡片拿到所授权门禁使用,即可刷卡开锁。

任务评价

任务评价如表4-5所示。

表4-5　任务评价表

评价项目	任务评价内容	分值	自我评价	小组评价	教师评价
职业素养	遵守实训室规程及文明使用实训器材	10			
	按实物操作流程规定操作	5			

续 表

评价项目	任务评价内容	分值	自我评价	小组评价	教师评价
职业素养	纪律、团队协作	5			
理论知识	认识可视楼宇对讲系统主机、分机和解码器	10			
	认识系统接线图	10			
实操技能	系统接线正确	20			
	可视楼宇对讲系统配置正确	10			
	系统调试成功	30			
总分		100			
个人总结					
小组总评					
教师总评					

任务三　网络楼宇对讲系统

任务准备

一、网络楼宇对讲主机

网络主机内嵌了4.0寸LCD真彩显示屏，全中文操作菜单提示，最多可以连接1016台分机。面板上有触摸按键，方便用户使用；还可直接呼叫管理中心并通话，中心远程开锁。此外，摄像头还具有夜晚红外补偿功能，主机和分机支持TCP/IP协议，具有联网功能，并支持系统远程升级。图4-10为网络主机结构图。

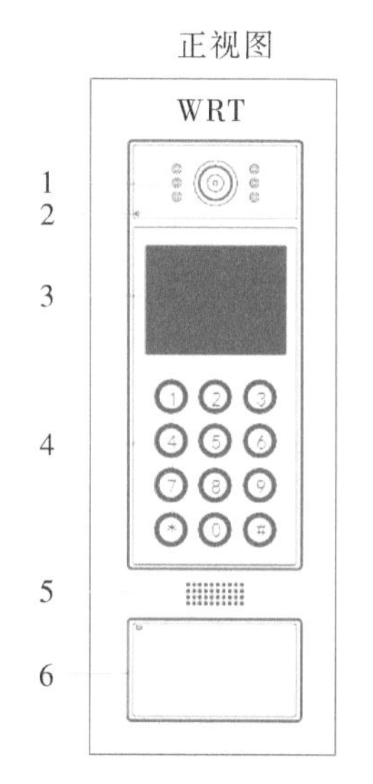

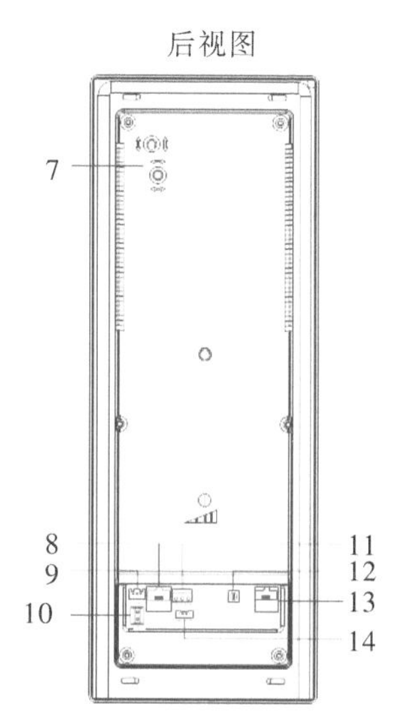

1.摄像窗口(含红外补偿灯和摄像头)　2.麦克风　3.液晶显示屏　4.键盘　5.扬声器　6.IC卡感应区(B型,I型)　7.摄像头调节　8.至楼内解码器网口　9.至电梯联动器或独立门禁接线座　10.防雷端子(接大地)　11.电源输入+开锁信号输出接线座　12.主机音量调节　13.至交换机网口　14.至门阀和出门按钮接线座

图4-10　网络主机结构

二、网络楼宇管理软件

WRT数字社区管理软件(ARG-801)是运行WINDOWS 98/2000/XP/VISTA平台上的32位应用程序,充分利用了计算机的多任务处理功能,保证了网络通信和数据的安全处理。该系统在楼宇对讲的基础上,增加了家居控制、安防报警、门禁控制等系统,使小区管理中心能及时进行分析和查询记录,给业主和物业管理带来了极大的方便。WRT数字社区管理软件适用于WRT-801纯数字TCP/IP传输的楼宇对讲系统和数模混用的R2-IP组网楼宇对讲系统,不适用于纯485方式传输的模拟楼宇对讲系统。

1. 本软件主要特点

(1)监视各监测点的状态。

(2)接收报警,表明报警地点及报警警种。

(3)自动记录报警事件及处理结果,并可查询、打印。

(4)管理中心可与各门口主机对讲并具备开锁功能。

(5)业主资料管理。

(6)C/S结构,模块化设计,图形化的用户界面,易于使用;运行安全可靠,维护简单、量小。

(7)操作员分级管理,有可靠的防护手段保证数据库的数据完整、安全及可靠。

(8)对系统内各种终端设备进行分组统一管理。

(9)系统安全、稳定,真正实现广播发布。

(10)实现呼叫、监视、开锁等功能,实时接收报警、报修等用户求助信息。

(11)设备登录中心校时、定时校时、筛选群发校时。

(12)远程对设备固件升级,可自动对指定的设备轻松实现远程升级。

(13)具备门禁管理、信息发布、家居控制等功能。

2. 管理软件主界面

管理软件主界面,如图4-11所示。其中:

(1)1区为下拉菜单,包含文件、工具、数据下载、巡更管理、其他设备管理和帮助,实现系统设置的重要功能。

(2)2区为功能菜单,包含系统用户管理、主机和分机管理、门禁管理、社区服务、数据管理和报表等功能。

(3)3区为实时记录界面,包括未处理报警信息、未处理求助信息、实时记录、正在对讲的主分机和设备巡查。

(4)4区为主要的操作界面,显示主要设备以及功能菜单等。

(5)5区为主机和分机管理菜单的详细操作界面,针对设备的主要操作、门禁操作等都通过该菜单实现。

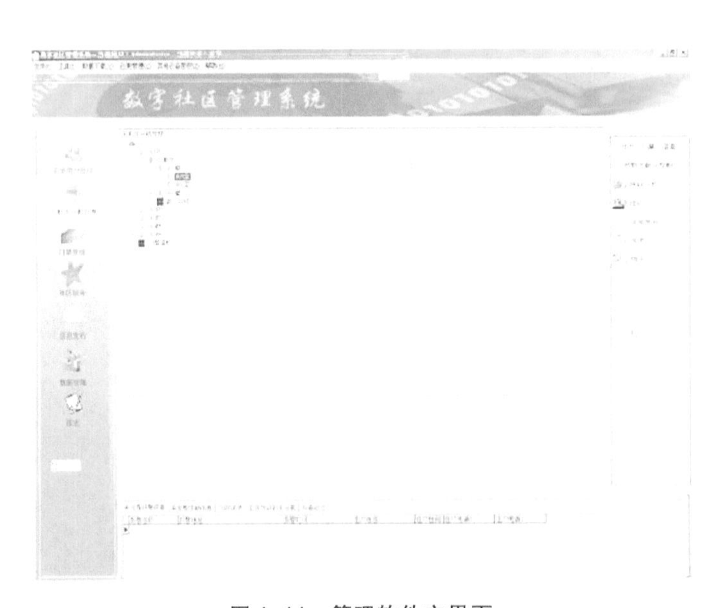

图4-11 管理软件主界面

任务实施一:网络楼宇对讲系统的安装

一、器件及材料准备

网络楼宇对讲系统需准备的器件及材料,如表4-6所示。

表4-6　网络楼宇对讲系统需准备的器件及材料

序号	名　称	型号或规格	图　片	数　量	备注
1	电控锁	断电开门型	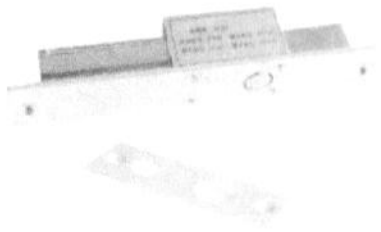	1个	
2	出门按钮	86型		1个	
3	门禁分机	网络楼宇对讲分机	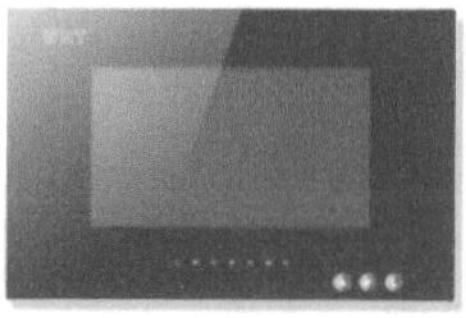	1个	
4	门禁主机	网络楼宇对讲主机		1个	
5	IC卡门禁读卡器	读卡器		1个	
6	螺丝刀			1把	
7	连接导线			根据需求确定	

二、系统接线

主机和所有分机正确安装完成后，根据系统结构图连接网络线、电源线等，通电后主机启动。如图4-12所示，为网络楼宇系统接线图。

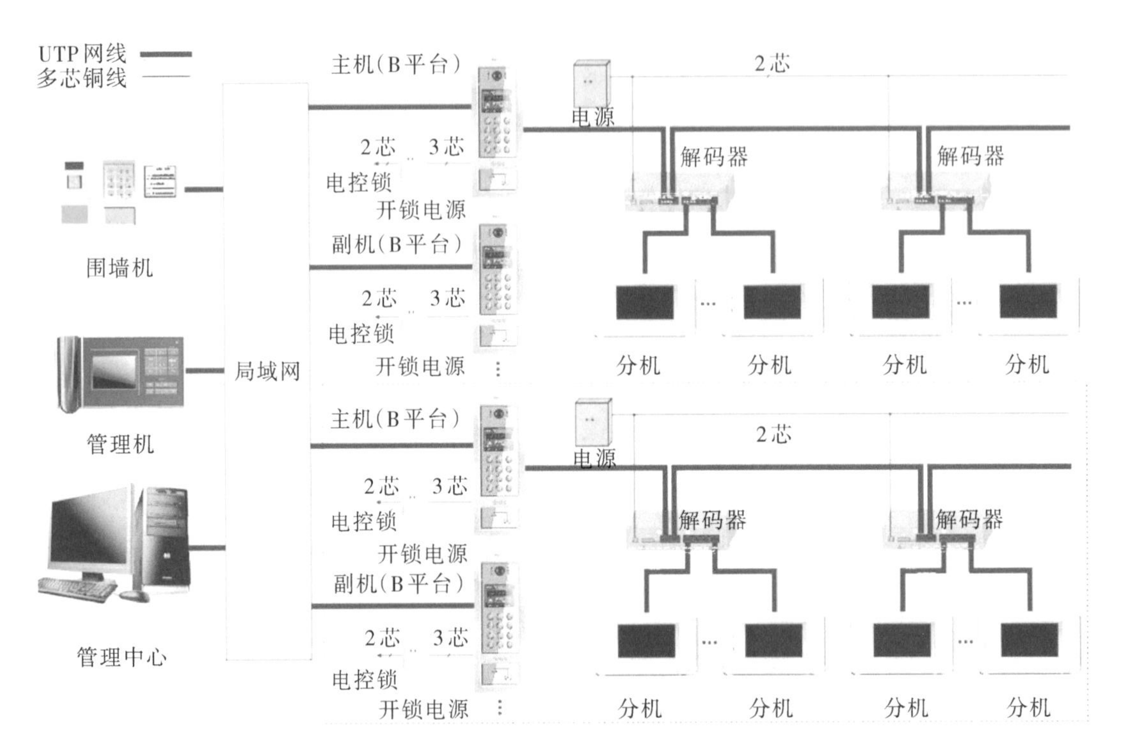

图4-12　网络楼宇系统接线图

任务实施二：网络主机的配置

一、网络主机基本设置菜单

步骤1：在主界面下先按住“*”键，再按住“1”键，再同时松开两键，显示屏出现管理密码输入界面。

步骤2：输入之前最后一次设置的8位数字管理密码(初次使用请输入出厂初始密码“88888888”)进入设置菜单。输入时密码以“*”号显示，若输入正确，则进入基本设置菜单，如图4-13所示。按“#”键可进入下一页。

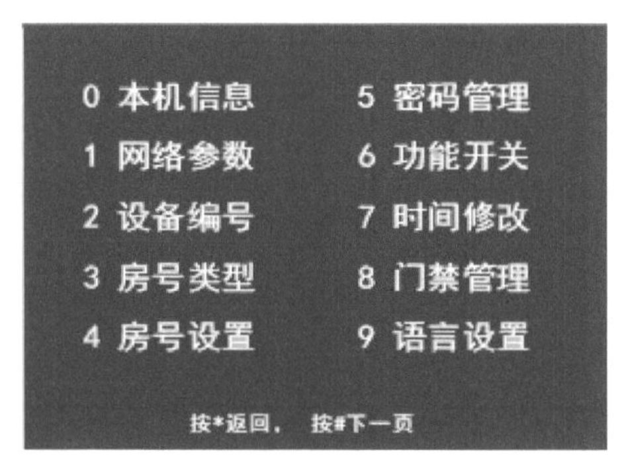

图4-13 基本设置菜单

步骤3:用户按取相应项目前的数字键,可进入相应参数配置界面。

二、网络主机拨号

步骤1:在基本设置菜单界面下按"2"键,如图4-14所示。按取数字键,可清除对应输入框内的数据。按实际分配的参数输入,每输入完一组数据后,显示屏提示修改成功并自动激活下一组输入框。在非输入状态,按"5"键或"*"键可返回上一级菜单或等待60s后自动退出。主机编号是由2位区号+3位楼栋号+2位单元号+2位本机编号组成,输入时应以此为原则,不足位数可在前面补加"0"。本机编号为01时,为主机,本机编号为其他值时,则为副机。一栋中,无论有多少台门口机,必须有一台要编制为01号主机。在输入过程中,按"*"键可清除输入框内的数据或退出输入状态。

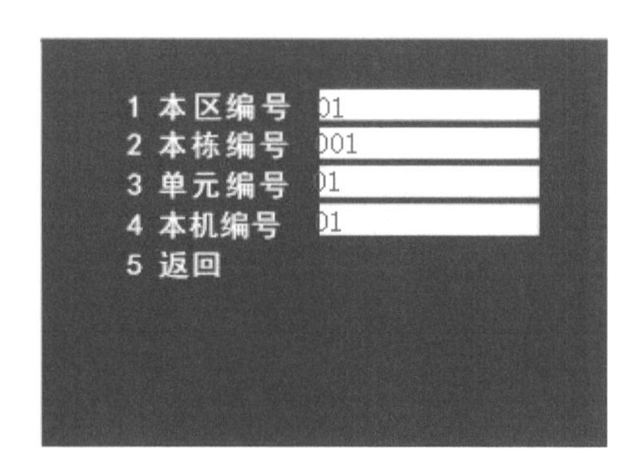

图4-14 设置本机编号

步骤2:在基本设置菜单下按"3"键,显示屏显示如图4-15。按取数字键"0"或"1",选择房号类型为数字房号或字母房号("√"表示选中)。按"*"键可返回上一级菜单或等待60s后自动退出。

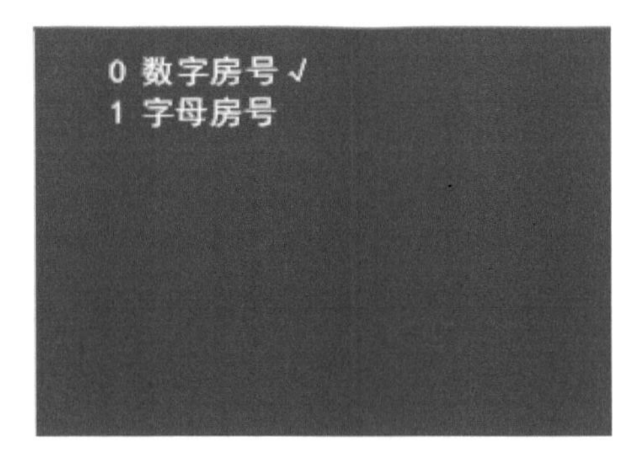

图4-15 设置本机房号类型

步骤3:在基本设置菜单下按“4”键,显示屏中解码器显示“001 - 0”分别代表解码器号和端口号;显示屏中房间号显示“0101”代表房号。分别输入要修改的解码器号及其地址码,对应4位数房号自动生成。然后将其改为所需房号,结束后主机发出“嘀、嘀”两声,显示屏显示解码器下一地址码及房号,表示上一个修改已完成,可以继续修改下一房号。重复以上程序,直至编完为止。地址码0—7分别对应解码器的1—8端口。在输入过程中,红色字符表示当前修改位置。按“*”键可向前移动一个字符或退出输入状态。

步骤4:待机状态下,输入房号(2位层号+2位房号),如呼叫3层2号房则输入“0302”,同时显示屏显示相应号码。当拨完房号后,再按“#”键确认,如果此号码不存在,显示屏会提示;若号码存在且对方空闲,则会发出振铃声,提示来访者可以和住户通话。在通话期间,可按“*”键挂机结束通话。若住户先挂机或来访者与住户对讲时间超过60s,系统将自动返回待机状态。在通话期间,住户可以按开锁键打开本机处电锁,如果呼叫住户超过30s仍无人接听,则自动返回待机状态。

任务实施三:网络管理中心配置

一、总中心参数设置

步骤1:打开软件,在主界面中点击“其他设备管理”→“总中心参数设置”,如图4-16所示。完成上述操作,出现如图4-17所示界面,根据管理中心实际情况填写,然后点击“确定”。

数字社区管理系统—当前用户：Administrator 当前状态：正常
文件(F) 工具(T) 数据下载(Y) 巡更管理(C) 其他设备管理(Z) 帮助(H)
IP网络连接器管理(I)
广告牌管理(Y)
总中心参数设置(Z)

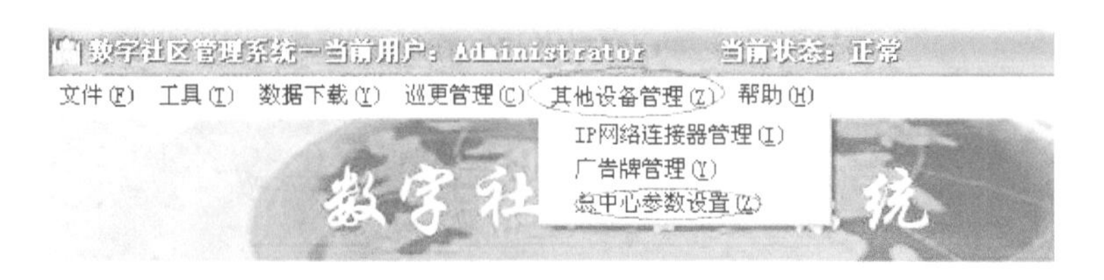

图 4-16 其他设备管理

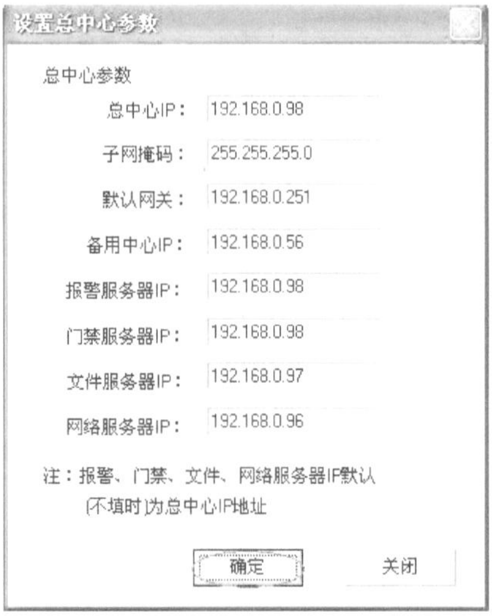

设置总中心参数
总中心参数
总中心IP： 192.168.0.98
子网掩码： 255.255.255.0
默认网关： 192.168.0.251
备用中心IP： 192.168.0.56
报警服务器IP： 192.168.0.98
门禁服务器IP： 192.168.0.98
文件服务器IP： 192.168.0.97
网络服务器IP： 192.168.0.96
注：报警、门禁、文件、网络服务器IP默认(不填时)为总中心IP地址
确定
关闭

图 4-17 主界面总中心参数设置

其中，总中心 IP 为管理处电脑的 IP 地址，其他 IP 视情况而定。

二、组建分中心

步骤 1：点击主界面“主机和分机管理”，在主界面右侧空白处点击鼠标右键，选择“新增”→“组团心”，如图 4-18 所示。完成上述操作，出现如图 4-19 所示界面，根据小区具体情况填写组团名，依次填入组团编号。点击“管理机信息”进入管理机设置界面。填写管理机信息，信息输入完毕，点击“确定”键，如图 4-20 所示。

主机和分机管理
门禁管理
社区服务
新增(V)
展开子节点(Y)
关闭子节点(Z)
组团中心(Q)
总中心围墙机(V)

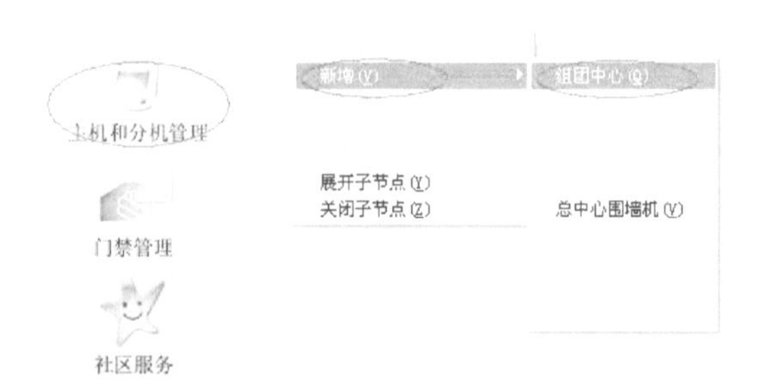

图 4-18 新增组团中心

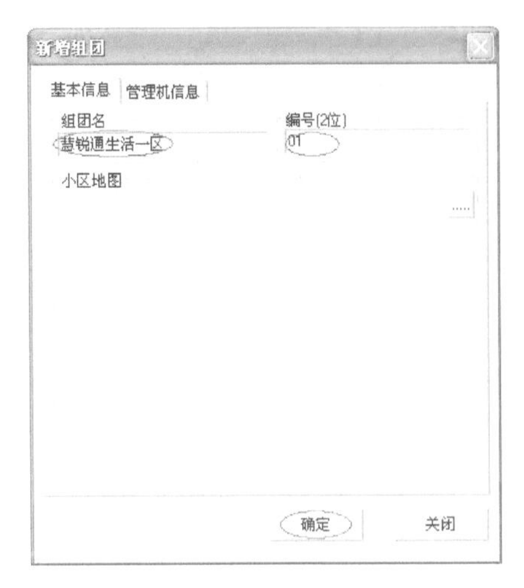

图 4-19　填写组团编号

图 4-20　填写管理机信息

设置“从管理机”的作用是在主管理机出现故障时，从管理机可接受呼叫。如果没有，可以不做配置。同理，增加第二个组团。

三、单个增加组团下数据

步骤 1：新增栋，右键点击“慧锐通”→“新增”→“栋”，如图 4-21 所示，例如新增栋为 009 栋。在新增的栋下，右键点击“009 栋”→“新增”→“单元”，如图 4-22 所示。

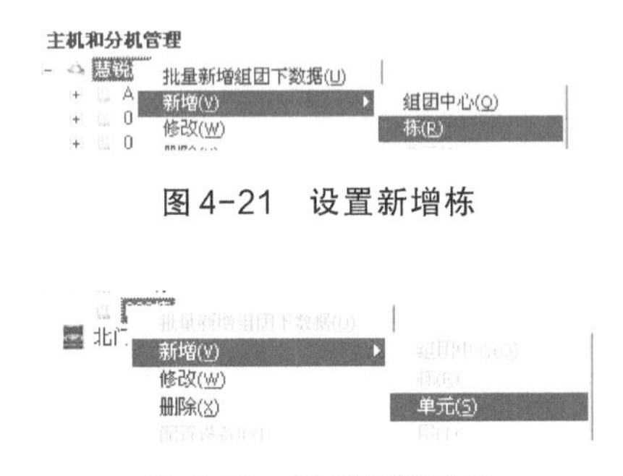

图 4-21　设置新增栋

图 4-22　设置新增单元

步骤 2：完成步骤 1，出现如图 4-23 界面，填入单元名、单元编号、主门口机 IP，子网掩码和默认网关。

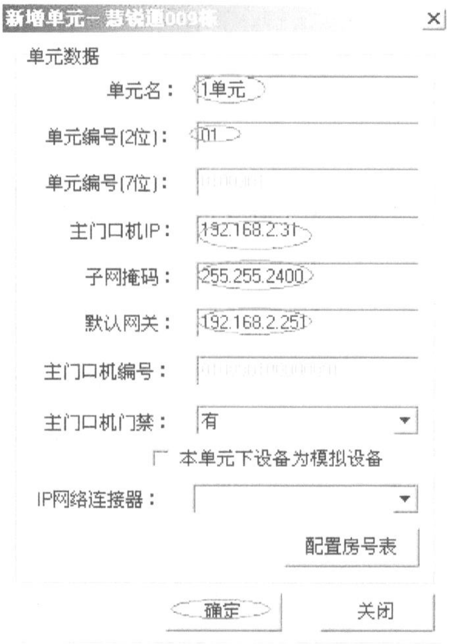

新增单元－慧锐通009栋
单元数据
单元名：
1单元
单元编号(2位)：
01
单元编号(7位)：
主门口机IP：
192.168.2.31
子网掩码：
255.255.2400
默认网关：
192.168.2.251
主门口机编号：
主门口机门禁：
有
本单元下设备为模拟设备
IP网络连接器：
配置房号表
确定
关闭

图 4-23　填写新增单元信息

步骤 3：新增层，在新增单元下，“1 单元”→“新增”→“01 层”，如图 4-24 所示。

009栋
1单
北门
批量新增组团下数据(U)
新增(V)
修改(W)
删除(X)
配置设备IP(I)
层(T)

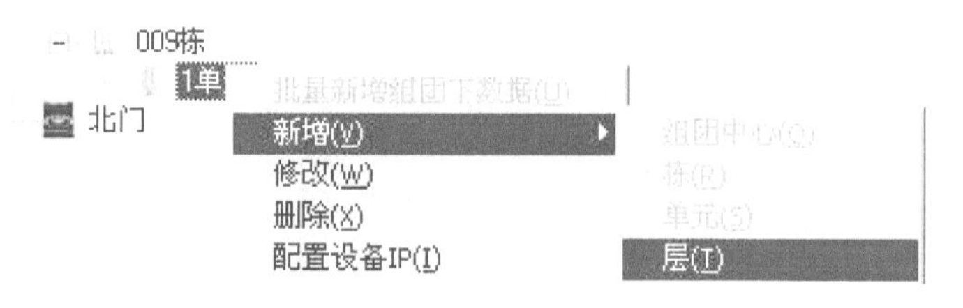

图 4-24　设置新增层

步骤 4：填写楼层名和编号，如图 4-25 所示。

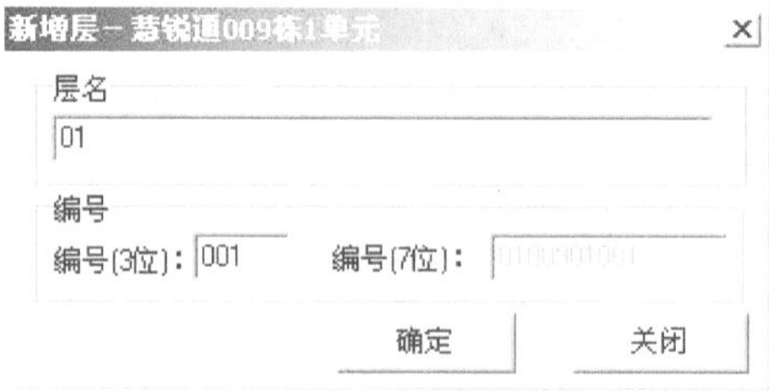

新增层－慧锐通009栋1单元
层名
01
编号
编号(3位)：
001
编号(7位)：
确定
关闭

图 4-25　填写新增层信息

步骤 5：新增房间，在新的层下添加，“01 层”→“新增”→“房间”，如图 4-26 所示，表示为一号房。

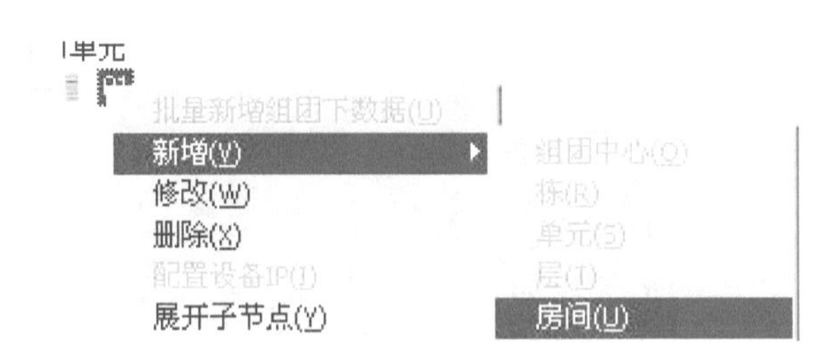

图 4-26　设置新增房间

步骤 6:出现如图 4-27 所示,点击“基本信息”填写房间名和房间编号。房间地图和本栋的位置在地图编辑有详细介绍。点击“分机和住户资料”可得到如图 4-28 界面。在住户资料栏,根据住户情况填写住户姓名、性别、职业、报警号码,以及选择报警的处理方式。“报警时短信通知”,是在分机检测到警情,报到管理中心,管理中心以短信方式通知住户(适用于安装短信猫设备的管理服务中心)。“报警时电话通知”,是在分机检测到警情,报到管理中心,管理中心以语音方式通知住户(适用于安装语音卡的管理系统)。启动以上两种功能在方框前面打上钩即可。在主分机资料填写分机的 IP 地址、远程家居网络操作密码和家居操作密码(适用于 Web 远程控制用户)。

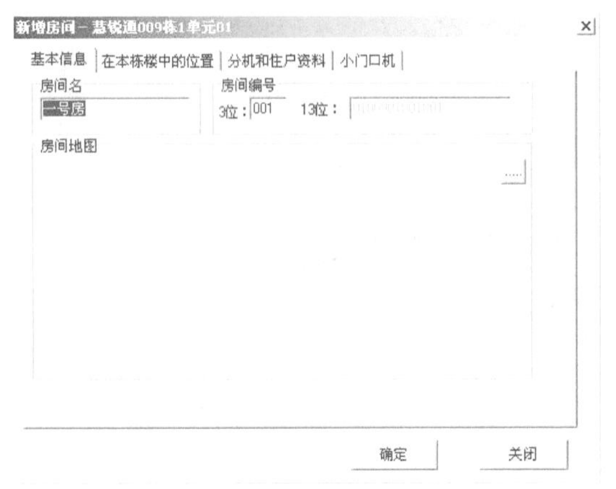

图 4-27　填写基本信息

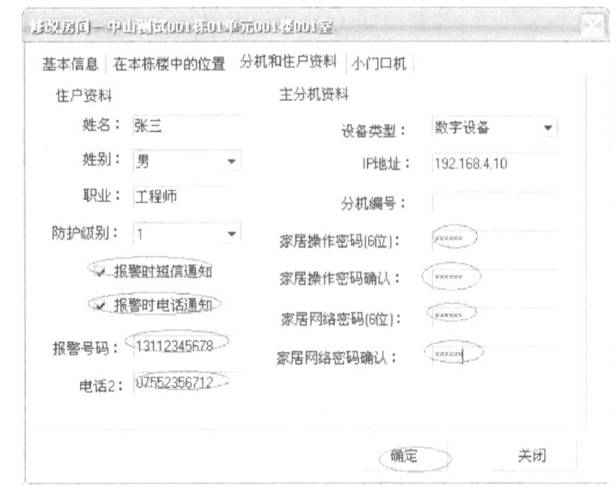

图 4-28　填写分机和住户资料

步骤 7:添加从分机,在新增的主分机下,“一号房”→“新增”→“从分机”,如图 4-29 所示。完成上述操作,出现如图 4-30 界面。系统最多不超过 3 个从分机,分机编号范围是 02—04。

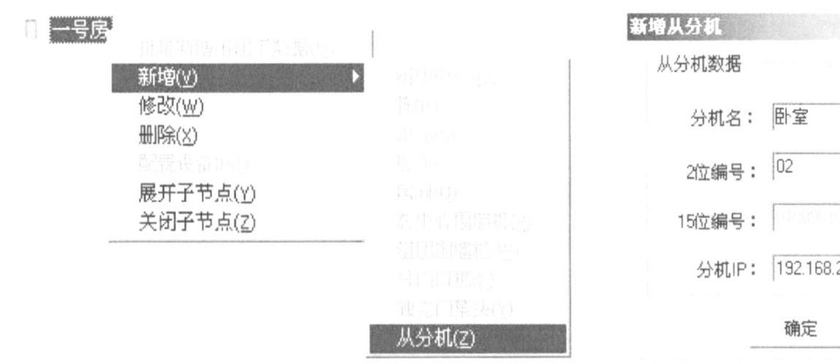

图 4-29　设置新增从分机　　　　图 4-30　填写从分机信息

步骤 8:添加数字小门口机,在新增的主分机下,“001 号房”→“新增”→“数字小门口机”。系统小门口机最多不超过 8 台,且编号从 32 号开始。然后设置数字小门口机信息如图 4-31 所示,添加名称,IP,子网掩码,默认网关,2 位编号。根据是否有门禁确定选择相应的门禁。设置完成以后,对分机下载配置信息,R2-IP 系统无须设置该项。如图 4-32 所示。

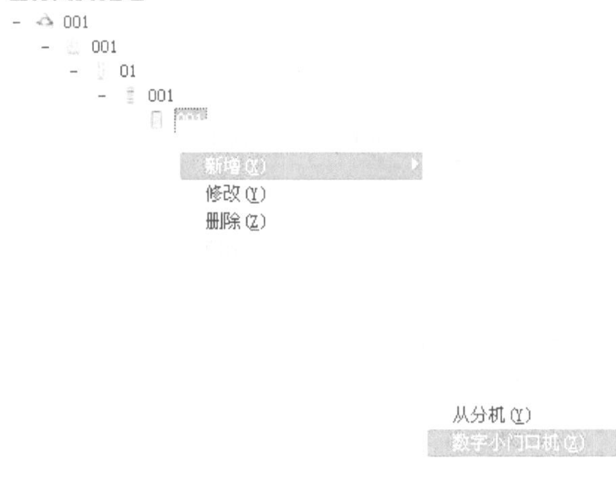

图 4-31　添加数字小门口机　　　　图 4-32　填写小门口机信息

四、对讲功能调试

步骤 1:管理中心呼叫管理机。点击“慧锐通”→“呼叫主管理机”,如图 4-33 所示。在呼叫过程中,中心可以挂机。

图4-33　管理中心呼叫管理机

步骤2:管理机呼叫中心,管理机中心点击“摘机”进行通话或点击“挂机”拒绝通话,如图4-34所示。

图4-34　管理机呼叫中心

步骤3:中心监视门口主机,中心若要了解门口机处情况,中心可以监视门口机。点击“慧锐通”→“A区一栋”→“A单元”→“对讲类指令”→“监视主机”监视过程中可以与主机对话、开锁、挂机,如图4-35所示。中心监视副门口机操作与主门口机的相同。

图4-35　中心监视门口主机

步骤4:门口主机呼叫中心,当管理机忙时,门口机呼叫管理机,则转到中心。中心可以摘机或挂机,如图4-36所示。

图 4-36　门口主机呼叫中心

步骤 5:中心可以呼叫分机,呼叫过程中可以挂机。点击“慧锐通”→“A 区一栋”→“A 单元”→“一层”→“一层 A 号房”→“对讲、门禁、信息”→“呼叫分机”,如图 4-37 所示。

图 4-37　中心呼叫分机

步骤 6:分机呼叫中心,当管理机忙时,分机呼叫管理机则转到中心。中心可以摘机或挂机,如图 4-38 所示。

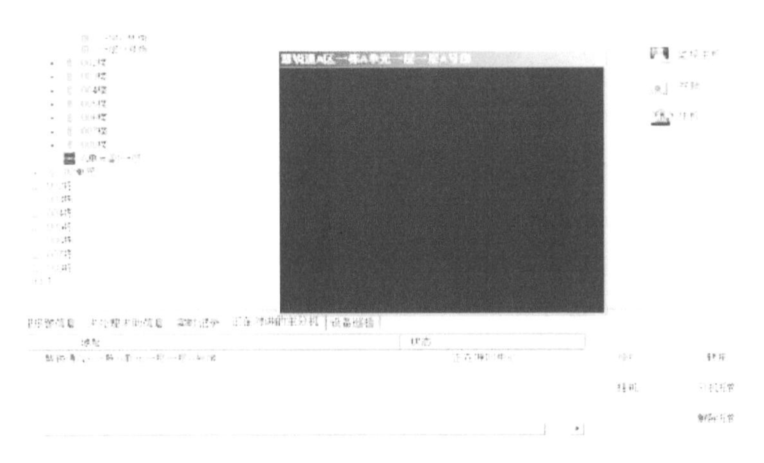

图 4-38　分机呼叫中心

任务评价

任务评价如表4-7所示。

表4-7 任务评价表

评价项目	任务评价内容	分值	自我评价	小组评价	教师评价
职业素养	遵守实训室规程及文明使用实训器材	10			
	按实物操作流程规定操作	5			
	纪律、团队协作	5			
理论知识	认识网络楼宇对讲系统主机、分机和解码器	10			
	认识系统接线图	10			
实操技能	系统接线正确	20			
	网络楼宇对讲系统配置正确	10			
	系统调试成功	30			
总分		100			
个人总结					
小组总评					
教师总评					

练一练

一、填空题

1. 非可视楼宇对讲系统可以实现__________、__________和__________的目的。

2. 非可视楼宇对讲系统主要由__________和__________组成。

3. 非可视对讲主机是楼宇对讲系统中最重要的部分，包含了__________模块、__________模块和__________模块。

4. 可视楼宇对讲系统具有______________、______________和______________功能。

5. 网络对讲系统是由________、________、________以及________共同组成。

6. WRT 数字社区管理软件在楼宇对讲的基础上增加了__________、__________、__________等系统。

二、简答题

1. 简述非可视楼宇对讲系统的解码器编码原理。
2. 简述可视楼宇对讲系统总线连接方式。
3. 简述彩色可视数码分机的功能。
4. 简述WRT数字社区管理软件的特点。

项目五　门禁智能锁系统

项目目标

1. 了解常用智能锁的基本原理、种类、结构。
2. 了解各种智能锁的应用范围、场合、条件。
3. 了解智能锁的选用原则和方法。
4. 掌握常见智能锁的安装与调试方法。

❖ 任务一　一体化门禁智能锁系统 ❖

任务情景

锁是大家日常生活中司空见惯的物品，早在公元前3000年，在中国仰韶文化时期人们就开始使用木锁了。锁的历史十分悠久，也一直在不断地发展改进。随着近现代电子信息和计算机技术的进步，人们开始对门锁赋予了更多的功能，把锁变得更加智能，更加安全，更加方便。

回想一下这样一个场景，在小学放学的时候，我们常常能见到许多小朋友脖子上挂着钥匙，三五成群、蹦蹦跳跳地回家。有些小朋友在放学路上还比较贪玩，会和小伙伴在小区公园追逐嬉戏一番再回家。当他们喘着气、脑门上挂着汗，站在家门口，正想着赶紧开门去冰箱拿汽水喝时，突然发现，脖子上的钥匙不见了，不知掉落到哪个玩耍过的角落了。如果在以前，贪玩的孩子只能孤独地在家门口等父母下班。但是现在有了智能锁，情况就不同了，小朋友们不用每天把钥匙挂在脖子上，他们只要在回家的时候在智能锁上刷一下指纹就能轻松进家门了。智能锁简单来说就是在老式机械门锁的基础上，利用智能化芯片，做一个识别，识别通过后，就用电机打开门锁。比如指纹锁（图5-1）就是指纹代替了钥匙的识别作用。

图5-1 指纹锁

任务准备

一、智能锁分类

1. 遥控锁

常见的遥控锁有光遥控（红外线等）和无线电遥控（蓝牙等），适合应用在使用者和门锁之间有一定间隔距离的情况。遥控锁需要有专门的遥控器，遥控器也需要妥善保管。除了这两种近距离遥控，还可以配合上网络综合布线，实现远程遥控。

2. 密码锁

常见的密码锁（特指电子密码锁）有键盘式和触控式。这两者主要的区别在于输入的硬件，核心控制大体类似，能够实现密码设置、密码修改、密码输错3次即锁死等功能。为了防止密码被偷窥，还有一种虚位密码锁，即将真实密码隐藏在虚位密码中输入到密码锁，密码锁能够自动过滤掉其他乱码，只要识别到真实密码按顺序输入即开锁。

3. 感应卡锁

利用感应卡代替钥匙，通过刷卡来进行开锁，常见于公司员工的门禁管理、小区的住户识别、公共交通等方面，甚至能在感应卡里设置计费、门禁权限等级之类的功能来满足特殊需要。但是也需要妥善保管感应卡，丢失后需要及时注销，防止被冒用。另外值得一提的是，现在很多手机能够利用自带的NFC功能来模拟感应卡，也让使用的过程更加方便快捷。

4. 生物特征锁

利用人体独特的生物特征来进行开锁，比如指纹识别、人脸识别、声纹识别、人眼虹膜识别、手指静脉识别等等。由于生物特征锁能够识别特定人群，经常在不常有他人进出的门禁管理中使用,比如个人家庭、独立办公室、保险柜等较为私密的地点。出入不需要额外的硬件,人体自身即是钥匙,在使用上兼顾了方便快捷和安全可靠的优点。

二、一体化智能锁的特点

目前,得益于计算机科学和集成电路的高度发展,智能锁的功能也不再拘泥于上文的分类,而是呈现出一种融合的趋势。一把一体化的智能锁,包含了密码开锁、IC卡开锁、指纹开锁等功能。这种通用的设计能够使智能锁适合更多的场所和情况,在成本允许的情况下,能够带来更好的用户体验。

三、一体化智能锁的硬件结构和工作原理

1. 一体化智能锁的外部结构

一体化智能锁外部结构如图5-2所示,图片左半边为室内的门锁部分,右半边为室外的门锁部分。

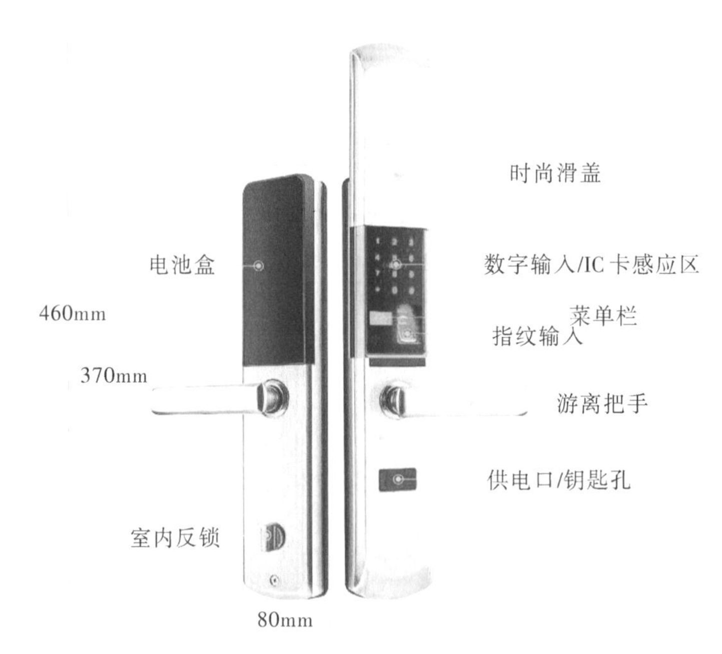

图5-2 一体化智能锁的外部结构

门锁室内部分主要由电池盒、门把手、反锁旋钮、恢复出厂设置按钮组成。本次实训使用的智能锁是由4节5号电池来供电,可以打开电池盒自行更换。室内门把手与锁舌联动,把手向上抬,则锁舌伸出,门锁住;把手向下按,锁舌收起,门锁开。反锁旋钮控制一个独立锁舌,一旦反锁,只能由内部打开。

门锁室外部分主要由数字输入/IC卡感应区、菜单栏、指纹输入、门把手、供电口/钥匙孔

组成。室外门把手在未开锁状态下，不与锁舌联动，可转动但不能开锁，当门锁识别开门信号后，门把手可控制锁舌开启。菜单栏为一小屏幕，用于显示信息、设置用户。供电孔可用充电宝紧急充电，来防止出现门锁电量耗尽后无法开锁的情况。

2. 一体化智能锁的内部结构

一体化智能锁的内部结构，如图5-3所示。

图5-3　一体化智能锁的内部结构

智能锁的内部，主要由一个电机和一些机械结构所组成。如图5-3所示，智能锁通过电源线来给电机供电，通过信号线来控制电机动作。所有的智能化操作都由主控芯片来进行处理，最后汇总到电机控制信号上，有信号则电机运作，无信号则电机不运作。

一旦产生运作信号以后，电机旋转，通过齿轮联动，将图中的半圆形塑料片向右推出。这时半圆形塑料片会将图中的一根联动杆推入右边有方形缺口的部件中，使门把手在转动过程中能够和方形部件联动，方形缺口最后会插入一根方轴来联动锁芯，即最后能将门把手和锁芯联动起来，达到开锁的效果。

任务实施

一、一体化智能锁的材料准备

一体化智能锁所需准备的材料，如表5-1所示。

表5-1　一体化智能锁所需准备的材料

序号	名称	型　号	图　片	数量	备　注
1	门锁	一体化智能锁		1把	智能锁根据品牌型号,功能使用方法有差异
2	指纹	学生指纹		若干	
3	说明书	配套说明书	S1型操作说明	1份	
4	IC卡	配套IC卡		1张	
5	螺丝刀	多种规格		1套	

二、一体化智能锁的组装与调试

1. 一体化智能锁硬件组装

一体化智能锁硬件组装如图5-4所示。

图5-4　一体化智能锁的配件

一体化智能锁的配件如图5-4所示,主要有内把手、外把手、锁芯、螺丝、轴等等。安装需要多种尺寸的十字螺丝刀若干把。

首先，需要将门把手的位置归正。如图5-5所示，新锁在运输时，因为要减少体积，会将门把手竖直安装，如果没有及时归正，会影响门把手和锁芯的联动。

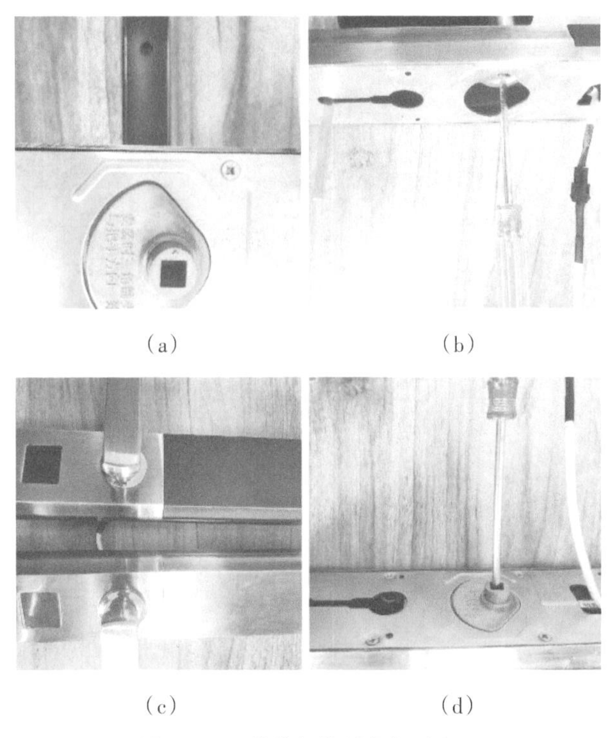

（a）（b）（c）（d）

图5-5 一体化智能锁门把手归正

如图5-5（a）、图5-5（b）两张图所示，归正门把手，只需将把手和门连接处反面的螺丝旋出，将门把手拆出，再按照正确方向装入门把手，上紧螺丝即可。如图5-5（c）所示，安装时注意，门锁自带提示，“安装时三角箭头与把手方向一致”。完成后如图5-5（d）所示，注意门把手内外区别。

然后，需要将钥匙锁芯装入内部锁芯中。需要注意的是，钥匙锁芯不是必须要安装的。安装后，当人们出现门锁主控失灵、忘记密码或者需要物业保管备用钥匙的情况，可以使用机械钥匙来进行开门。如果不安装，也不影响主要智能锁的功能。

如图5-6所示，将钥匙锁芯按照缺口形状，放入内部锁芯中，然后选择长度合适的螺丝将其固定，安装时要注意，将钥匙锁芯能够插钥匙的一头朝外部门把手方向安装，不可装反。之后，只需将内把手、外把手和内部锁芯全部组装起来即可。安装时需要注意，联动杆的位置正确，门把手能够控制锁芯开闭。

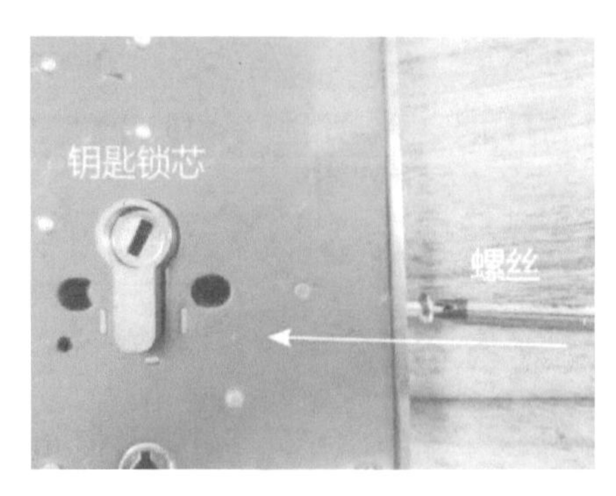

图5-6　钥匙锁芯的安装

如图5-7智能锁组装过程所示，安装时，将一根方轴穿过内部锁芯，连接内把手和外把手，实现把手联动；将反锁轴穿过内部锁芯，实现反锁联动。门锁内部上、下各有一枚螺丝。安装时，需要先将螺丝套管旋入外把手的相应位置，如图5-7(a)，圆圈标记内所示。之后，选择合适长度的螺丝旋入如图5-7(a)箭头标记处，注意，上、下所需螺丝长度并不相同。完成组装后，如图5-7(b)所示。同时可以简单测试，内、外把手转动时锁芯的变化如何，是否能够联动。

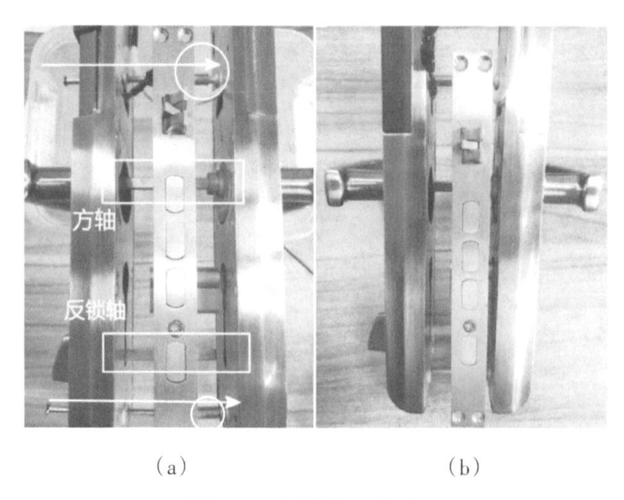

(a)　　　　(b)

图5-7　智能锁组装过程

最后，连接内把手和外把手的电源线，即完成一体化智能锁的硬件组装，如图5-8所示。

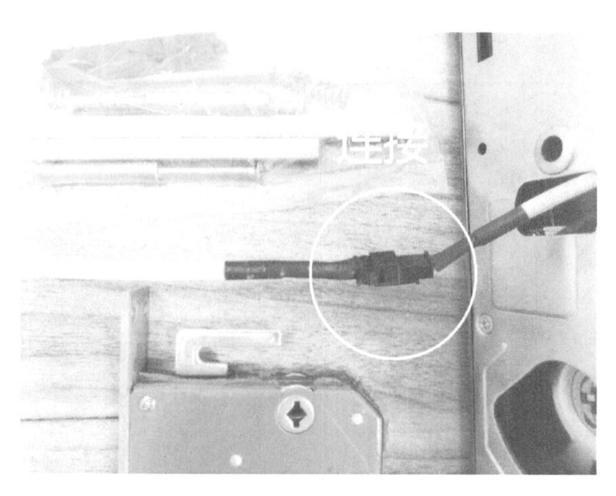

图 5-8　连接电源线

2. 一体化智能锁系统设置

一体化智能锁系统设置，如表 5-2 所示。

表 5-2　一体化智能锁系统设置步骤

步骤	图　示	说　明
1		移开外门锁滑盖，菜单栏屏幕会自动点亮，进入待机界面。如果几秒钟后没有操作，会自动息屏。按键盘上任意键，即可再次唤醒
2		在待机界面输入“0+0+#”可进入管理模式
3		初次使用需要添加管理员，需要先设置第一个管理员密码，需要输入两次以防止输错
4		管理员设置成功，如左图所示。设置完管理员后，可进行用户设置

续 表

步骤	图 示	说 明
5		再次在待机界面输入“0+0+#”,并输入之前设置的管理员密码,会进入系统菜单。此时键盘会有“2468*”五个按键亮起,“2”和“8”为上下移动键,“6”为确定键,“4”为返回键,“*”为取消键,通过键盘来进行系统设置。系统菜单包含了用户管理、时间设置、记录查询、系统设置等选项
6	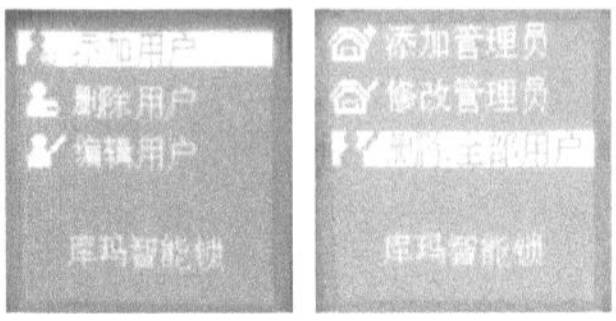	选择用户管理选项,进入用户设置界面,可以进行用户添加、删除、编辑等操作,还可以设置另外的管理员
7		选择添加用户,可进入用户添加界面,可以设置密码用户、指纹用户、IC卡用户
8	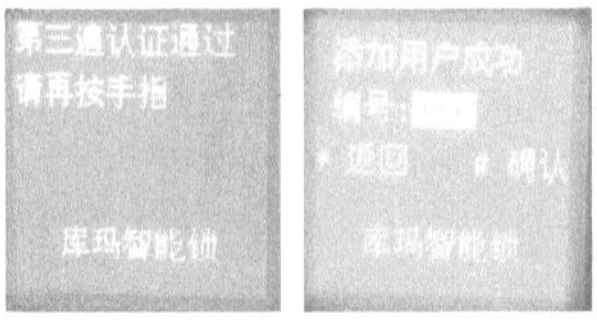	在步骤7界面指纹识别区直接按压指纹,即可进行指纹用户设置。为了信息采集准确,会要求输入4次指纹,成功界面如左边的图
9		在步骤7界面键盘区直接按键,系统会自动进入密码用户设置界面,按照提示,设置用户密码,完成密码用户的添加
10		在步骤7界面直接使用IC卡,放到键盘中央的IC卡识别区,系统会自动设置IC卡用户
11		全部设置完毕后,可以分别试验用指纹、IC卡、密码等方式来解锁,当听到电机转动声,并出现左边画面时,表示解锁成功;反之,出现右边画面

续　表

步骤	图　示	说　明
12	库玛智能锁	开锁成功后，过几秒时间会自动上锁，如左图所示，随后息屏。若处在开锁状态，门把手能够控制锁芯开启，则门锁安装设置成功。

知识拓展

1. 静脉锁

静脉锁（如图5-9）是近年来刚新兴起的一种生物识别锁。静脉锁通过对手指上的静脉纹路的识别，来判断是否开门。相对于指纹锁识别条件高（手指不能沾水、脱皮、发皱等）的特点，静脉纹路可以忽视这些条件，识别率较高。

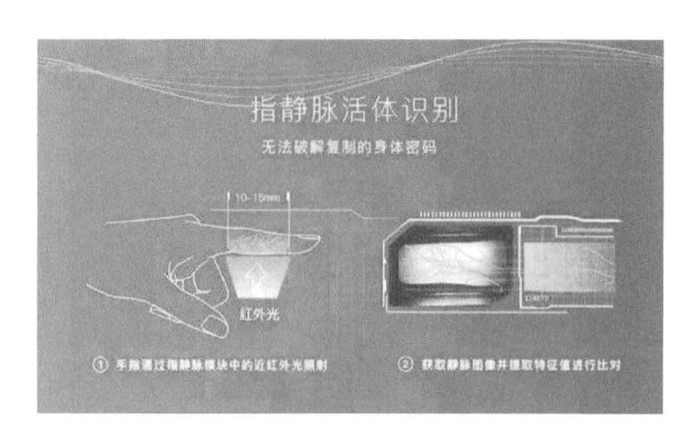

图5-9　静脉锁

2. 虹膜锁

虹膜锁（如图5-10）也是一种应用广泛的生物识别锁。每个人眼睛里的虹膜都有独特的纹路，虹膜锁通过扫描眼中的虹膜来进行识别开锁。

图5-10　虹膜锁

任务评价

任务评价如表5-3所示。

表5-3 任务评价表

评价项目	任务评价内容	分值	自我评价	小组评价	教师评价
职业素养	遵守实训室规程及文明使用实训实验室	10			
	按实物观测操作流程规定操作	10			
	纪律、团队协作	5			
理论知识	常见智能锁的分类	10			
	常见智能锁的工作原理	10			
实操技能	能够按安装图正确安装智能锁	25			
	能够按照说明书正确设置用户	30			
总分		100			
个人总结					
小组总评					
教师总评					

任务二 酒店智能锁系统

任务情景

近几年来，随着经济的发展、交通的便利，外出旅游已经成为人们在业余时间放松身心、开阔视野的首选活动。我们在外出旅游的时候免不了需要入住酒店。以前，人们在前台登记后，前台会将相应入住房间的钥匙给入住的旅客；但是现在给钥匙的方式已经很少见了，取而代之的是前台会做一张房卡，供房客刷卡进门。这里就涉及酒店智能锁的使用。常见的酒店智能锁（图5-11）通常使用感应卡锁，将有相应房间数据的房卡在门锁的感应区刷一下，门锁就会自动打开。

图5-11　酒店智能锁

任务准备

一、酒店智能锁的特点

因为应用场合的特殊性，要求采用不同的管理方式来进行门禁控制，所以，酒店智能锁的最大特点就是房卡管理。每当房客入住，只需将一张空白的房卡写入房间信息，就能够让门锁自动识别来进行开锁。对于酒店来说，每天入住的房客都不同，因此一般不会使用生物特征锁。但是房卡可以重复利用，而且一旦房客不慎丢失房卡，只需在系统里将房卡信息注销，就能够在不换锁的情况下保证安全，所以房卡在酒店使用广泛。

二、酒店智能锁的工作原理和硬件结构

1. 酒店智能锁的外部结构

酒店智能锁的外部硬件结构如图5-12所示，图片左右两边分别是酒店智能锁的门内部分和门外部分。

图5-12　酒店智能锁外部结构

酒店智能锁的室内部分主要由门把手、反锁旋钮、电池盒组成。室内把手和锁芯联动，转动把手即可开锁。反锁旋钮与锁芯的方锁舌联动，可将门进行反锁。智能锁采用4节5号电池进行供电，电量不足时可以自行更换电池。

室外部分主要由门把手、IC卡感应区、钥匙孔组成。在没有刷门禁卡的情况下，室外门把手不与锁芯产生联动，任意转动门把手，锁芯不运作。只有当对应门禁卡在感应区识别后，门锁产生开锁信号，室外门把手才能与锁芯联动，控制门锁开启。将门外部分中间椭圆形的铭牌掀开后，会有一个机械钥匙孔，当出现智能锁故障、没电等情况时，可利用机械钥匙开锁进入房间。

2. 酒店智能锁的内部结构

酒店智能锁的内部结构(图5-13)与上节所学的一体化智能锁内部结构有很大差别。酒店智能锁的电机是加在锁芯里的，通过一组电源线来给电机供电，利用一组信号线来控制电机运作。当外部识别到相应门卡时，会产生开门信号来控制电机转动，由此带动一块小挡板向上推。这个小挡板在向上推的过程中，会将一根联动轴推入图中有方形缺口的部件。这个方形缺口组装时会装入一根方轴来联动门把手，一旦图中圈内联动轴推入电机后，室外门把手和锁芯即产生联动，外把手可控制门锁开启。

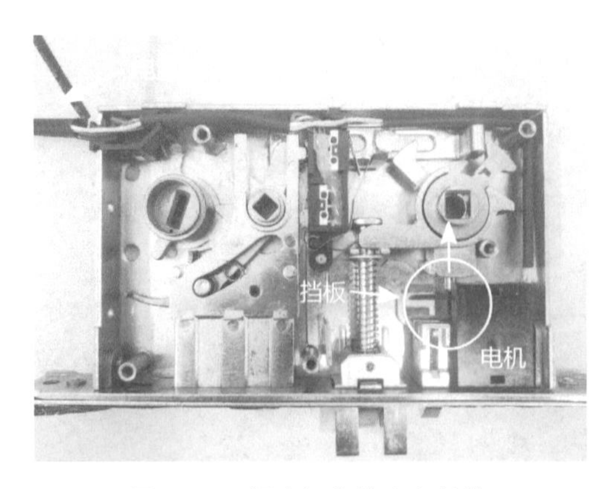

图5-13　酒店智能锁内部结构

任务实施

一、酒店智能锁的材料准备

酒店智能锁所需准备的材料如表5-4所示。

表5-4　酒店智能锁所需准备的材料

序号	名称	型　号	图　片	数量	备　注
1	门锁	酒店智能锁		1把	智能锁根据品牌型号,功能使用方法有差异,这里选取一种典型型号
2	发卡机	USB接口IC卡		1台	需要供应商提供注册码
3	智能卡			若干	
4	电脑			1台	
5	软件			1套	
6	螺丝刀			1套	

二、酒店智能锁的组装与调试

1. 酒店智能锁硬件组装

酒店智能锁硬件组装,如图5-14所示。

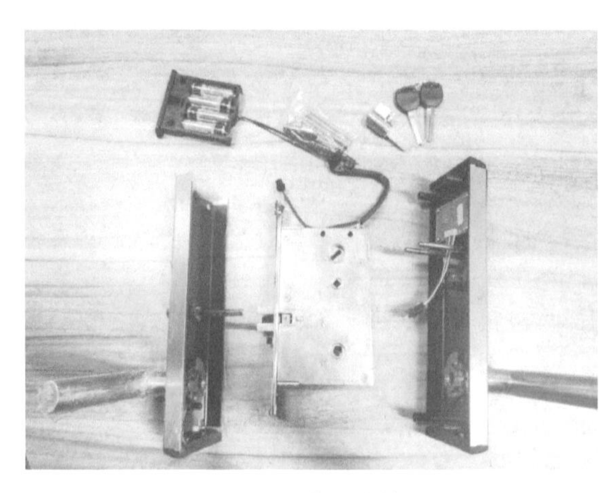

图5-14 酒店智能锁配件

酒店智能锁的全部配件如图5-14所示，主要有室内把手、室外把手、锁芯、机械锁芯、电池盒、螺丝等。安装时，需要用到多种尺寸十字螺丝刀。需要注意的是，IC卡感应区是在门把手的上方，切勿装反，上下颠倒。

首先，将机械锁芯装入室外把手部分。机械锁芯需使用钥匙进行开锁，即使不安装也不会影响智能锁的使用。但是，考虑到酒店智能锁的使用场合，为了方便酒店的统一管理，需要安装机械锁芯，如图5-15所示。

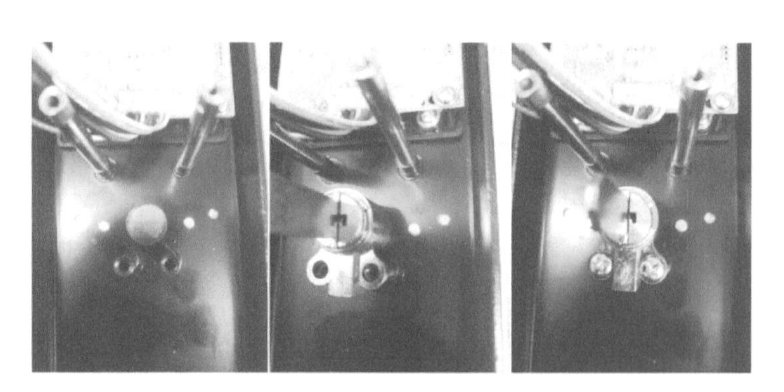

图5-15 酒店智能锁机械锁芯安装

将机械锁芯按照螺丝孔的位置装入室外门把手上，安装时注意锁孔朝外，联动轴朝内部，然后将螺丝上紧即可。

之后，将电池盒装入室内门把手，电池盒内装入干电池给智能锁供电，安装时需要注意，因为电池盒安装采用反扣方式，如图5-16所示，最后组装时还要用螺丝穿过电池盒，所以需要预先装入电池。

图 5-16　酒店智能锁电池盒安装

将电池盒螺丝孔和内把手螺丝孔对准，放入电池盒即可。根据安装方式可知，在完成全部组装后，如果需要更换电池则需拆出螺丝，再拔出电池盒进行更换。

然后，连接锁芯的电源、信号线（图 5-17），电源线和信号线都有防呆口设计，连接时注意不要接反。如果要拔出，需要摁住锁扣，再拔，不要直接硬拔。

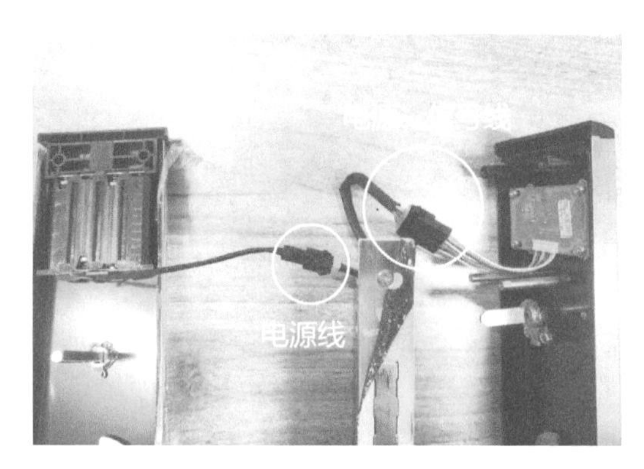

图 5-17　酒店智能锁接线

在之后的组装过程中，需要注意电线的位置，防止螺丝压到电线干扰门锁组装，或者电线无法塞入门锁内部。

接着，将两个方轴插入锁芯内。此处有两点需要注意：第一，如图 5-18 方轴被分割为长短两段，长段有弹簧，安装时，将短的那头安装入锁芯。第二，锁芯其中一面安装方轴的位置有一个箭头标志，安装这个方轴时需要注意角度，否则最后组装无法顺利完成。

图5-18　酒店智能锁联动轴安装

最后，将锁芯、内把手、外把手进行组装(图5-19)。需要注意的是，锁芯正着装、或者反着装，均能够安装上。但是如果装反，则会出现外把手能够直接开门的情况。因此安装时需仔细观察方向，不要装反。同时要注意连接轴都要对应安装，保证把手与锁芯联动。

如图5-20所示，联动轴对准后将内外把手按住，上紧螺丝以后，试着转动内外把手，看看门锁是否正常工作。

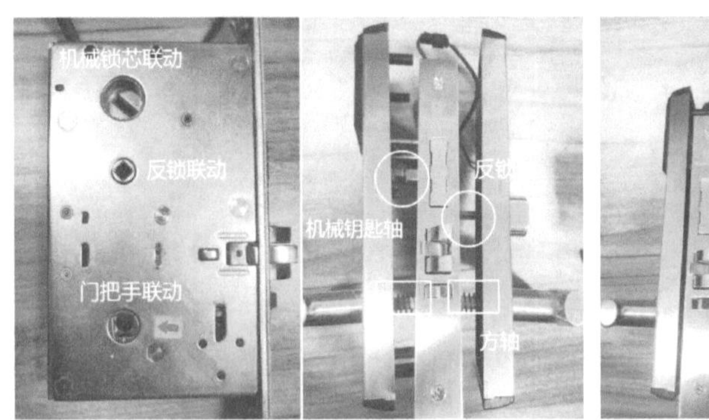

图5-19　酒店智能锁组装

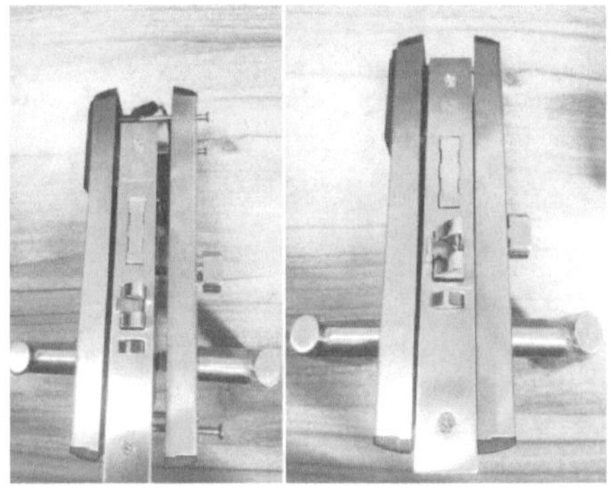

图5-20　上螺丝

2. 酒店智能锁配套软件安装

酒店智能锁配套软件安装，如图5-21所示。

(a)

(b)

图5-21　门锁软件安装

双击打开安装包，进入软件安装界面，点击“下一步”，设置完软件安装地址，软件就会进行安装。安装完成后如图 5-22 所示。

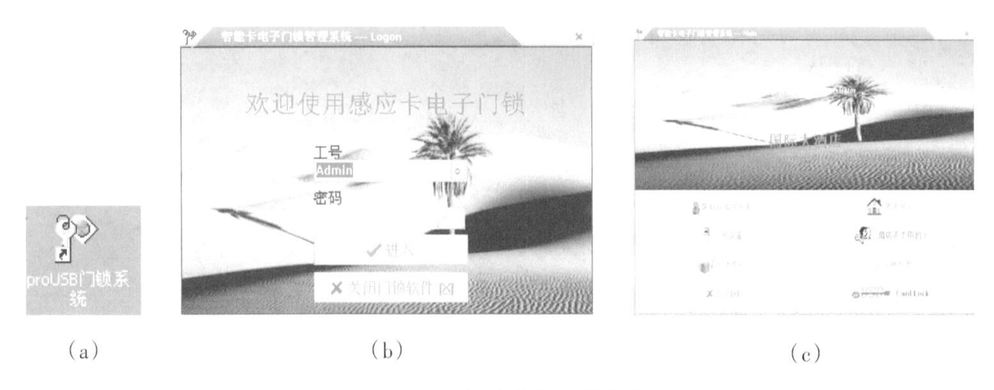

(a) (b) (c)

图 5-22 门锁软件登录步骤

软件安装完成后，需要登录软件进行设置和硬件注册。首先，将 USB 发卡机插入电脑主机，然后如图 5-23 所示，双击软件图标，打开软件，之后会显示登录界面需要登录。首次登录，在工号栏输入 Admin，密码处空着，点击进入即可登录软件，此时界面显示各种菜单选项。

图 5-23 软件注册

点击“系统维护”选项，进入系统维护界面，再点击系统注册选项，进入系统注册界面。这里的系统注册实际上是指注册 USB 发卡机的硬件。每一个 USB 发卡机都有一个自己的机器码，将 USB 发卡机连接电脑，软件能够自动识别硬件机器码。在未注册的情况下，发卡机硬件无法使用，需要联系供应商获取注册码。将所得的注册码输入相应位置，点击注册按钮即完成注册，如图 5-24 所示。

图5-24 软件注册成功

至此，软件的安装、硬件的注册已经完成，可以正式进行酒店发卡系统、开锁系统的设置、调试。

3. 酒店智能锁整体调试

首先，需要设置房间数量（图5-25），实际就是门锁数量。如果不设置，则默认就101号一个房间。假设实训中班级里有20把锁，就设置20个房间，按组分为4层楼，每楼5个房间。

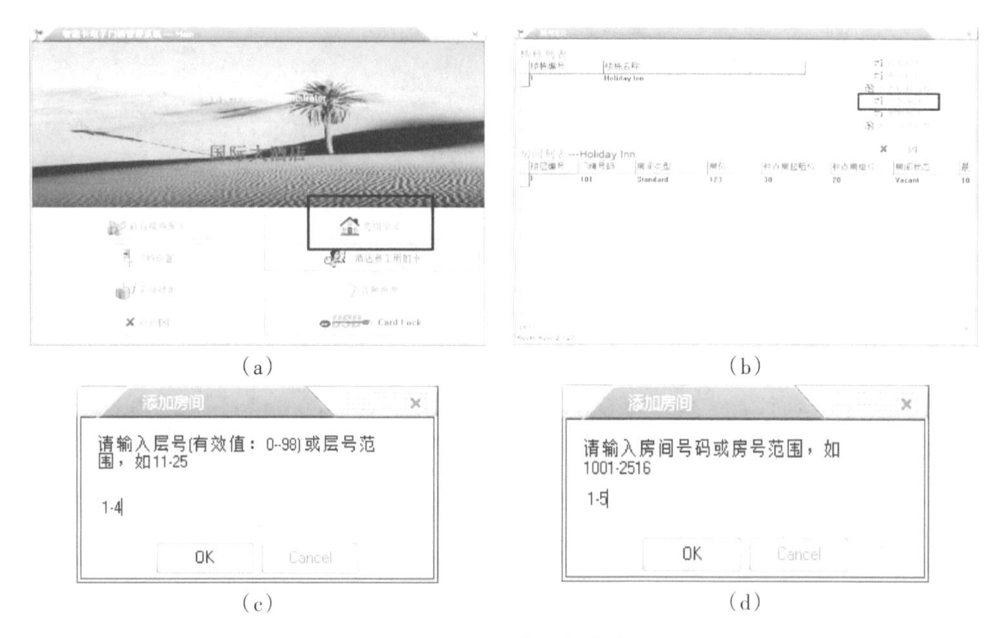

图5-25 设置房间数量步骤

在主菜单选择“房间定义”，之后选择“添加房间”。根据弹出的提示框填入楼层数和房间数。填写时注意提示语，如果一共有4层，就需要填写“1-4”。输入房间号时一共5个房间，填“1-5”，或者按照“101-405”填写都可以。之后，会提示设置房间价格等房间信息，无特殊需要可直接点“OK”。最后，如果有些房间已存在如101号房，会弹出一个错误提示信息，可以直接点“确定”关闭提示。

房间数量设置完成后，返回主菜单，点击“前台设置发卡”，进入发卡界面如图5-26所示，可以观察到现在房间已经有20间。

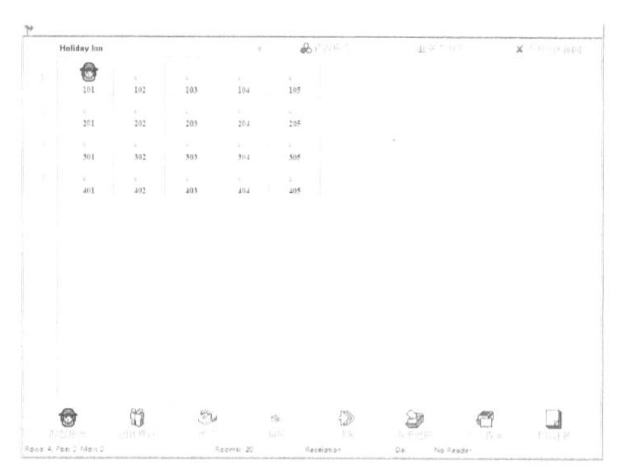

图5-26　酒店发卡界面

之后，需要将房间号信息写入酒店智能锁。在初始状态下酒店智能锁中并没有房间号信息，需要手动将房间号码如203、401等写入每一把锁。

写入房间号前要先制作一张授权卡，授权卡的权限最高，一个酒店制作一张即可，实训中，以班级为单位制作一张。将一张空白卡，放在发卡器上，如图5-27，点击“门锁设置”，进入后点击“授权卡”，在“持卡人”一栏填入持卡人姓名，点击“发卡”，即完成授权卡制作。

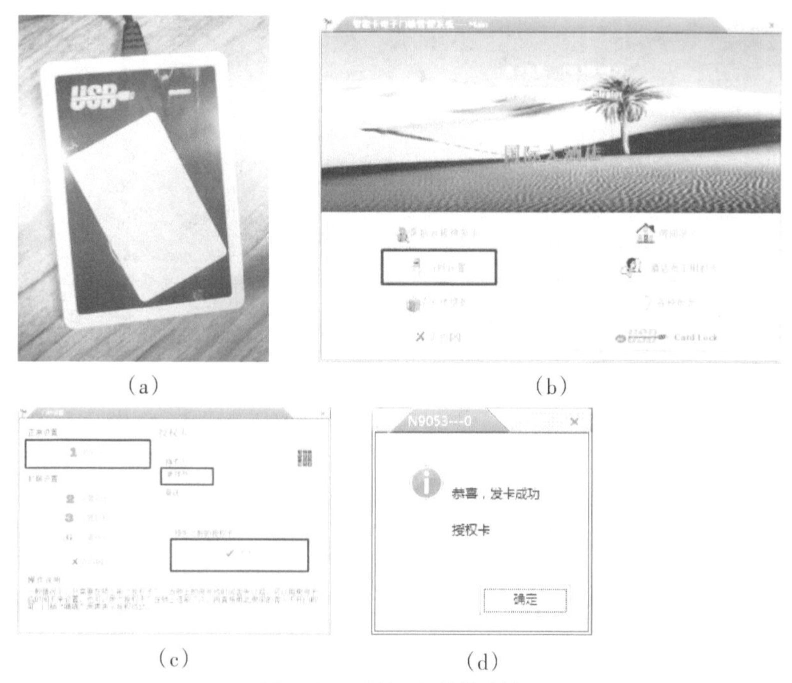

(a)　(b)

(c)　(d)

图5-27　授权卡制作步骤

完成授权卡制作后还需要制作房卡，与授权卡不同的是，每个房间即每把锁都需一张房卡。以404房间为例，如图5-28所示，首先将一张空白卡放入USB发卡器，进入“前台设置发卡”界面，点击404房间图标，随后点击“发卡”即可。

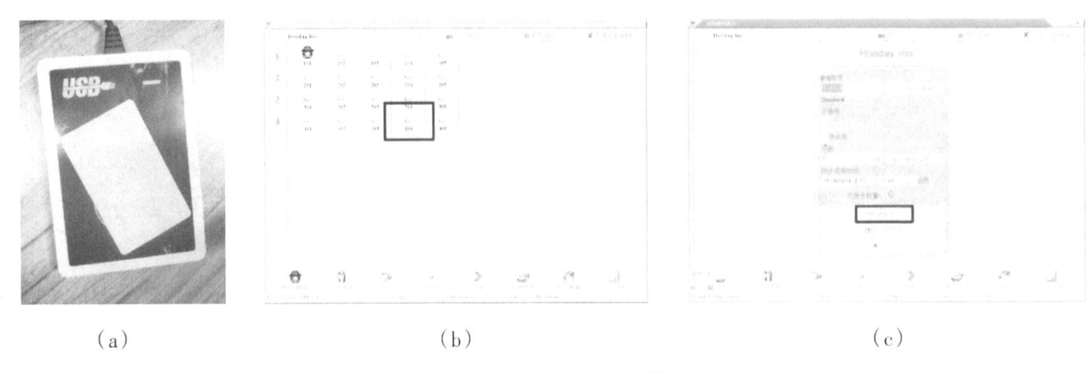

(a) (b) (c)

图5-28　房卡制作步骤

这时我们手中已有了一张授权卡、一张404房卡和若干空白卡，可以通过软件先来识别一下这几张卡片是否已将信息写入。如图5-29所示，将卡片放入发卡器，进入“前台设置发卡”界面，点击“卡片查询”，软件就能够显示卡片信息，如授权卡、客人卡(带房号404)、空白卡等等，能够顺利读取即说明卡片制作成功。

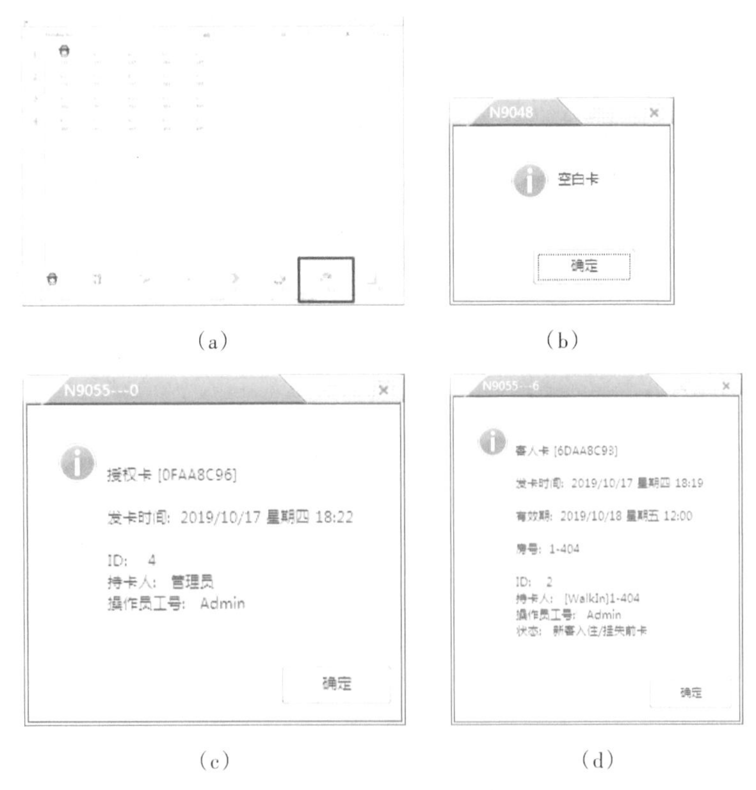

(a) (b)

(c) (d)

图5-29　卡片信息读取步骤

最后,我们要用授权卡和404房卡将房间号信息输入智能锁中。设置过程如下:先将授权卡放在智能锁感应区,这时会听到门锁发出“嘀嘀”两声提示,拿开授权卡,再放入还会听到“嘀嘀”两声提示。如此重复三次后,将授权卡拿开,在智能锁感应区放入404房卡,这时听到开门提示音和电机运作声音,即表示房间号信息已经刷入智能锁,这把锁已被设置为404房间的锁。之后再次用404房卡刷卡,即可开启门锁。

设置完成后还可以进行进一步验证。用相同方式制作205房卡一张,设置205门锁一个。然后用404的房卡刷205的门锁,如果出现多声短促提示音且没有电机转动声,则门卡识别没通过,不能开启门锁,表明验证成功。

任务评价

任务评价如表5-5所示。

表5-5 任务评价表

评价项目	任务评价内容	分值	自我评价	小组评价	教师评价
职业素养	遵守实训室规程及文明使用实训实验室	10			
	按实物观测操作流程规定操作	10			
	纪律、团队协作	5			
理论知识	酒店智能锁的特点	10			
	酒店智能锁的工作原理	10			
实操技能	能够按安装图正确安装酒店智能锁	25			
	能够按照软件说明书正确设置软件并制作门禁卡	30			
总分		100			
个人总结					
小组总评					
教师总评					

练一练

一、填空题

1. 常见的遥控锁有________________和_________________。

2. 常见的密码锁能够实现_______________、________________和________________等功能。

3. 生物特征锁利用人体独特的生物特征来进行开锁,比如指纹识别、__________、声纹识别、__________和__________等等。

4. 一体化智能锁室外部分主要由数字输入/IC卡感应区、__________、__________、门把手、供电口/钥匙孔组成。

5. 酒店智能锁配套软件安装完成后,需要登录软件进行__________和__________。

二、选择题

1. 常见的智能锁中能够实现计费功能的是(　　)。

A. 指纹锁　　B. 密码锁　　C. 感应卡锁　　D. 遥控锁

2. 个人家庭、独立办公室、保险柜等较为私密的地点通常不采用哪种智能锁?(　　)

A. 酒店智能锁　　B. 指纹锁　　C. 人脸识别锁　　D. 虹膜锁

3. 一体化智能锁通常包含哪些开锁功能?(　　)

A. 密码开锁　　B. IC开锁　　C. 指纹开锁　　D. 以上都是

4. 安装一体化智能锁时,不需要以下哪项材料?(　　)

A. 螺丝刀　　B. 说明书　　C. IC卡　　D. 电脑

5. 酒店房卡丢失后,以下行为不正确的是(　　)。

A. 注销房卡　　B. 拆除门锁　　C. 补发房卡　　D. 以上都不正确

6. 安装配置酒店智能锁时,不需要以下哪项材料?(　　)

A. 螺丝刀　　B. 电脑　　C. IC卡　　D. 发卡器

7. 以下哪类IC卡可以刷开酒店内的任意房门?(　　)

A. 授权卡　　B. 空白卡　　C. 客人卡　　D. 以上都不行

三、简答题

1. 常见智能锁是怎么分类的?

2. 一体化智能锁的工作原理是什么?

3. 简述酒店智能锁的工作原理。

项目六　人行通道门禁系统

项目目标

1. 认识人行通道门禁系统的组成、类型及应用。
2. 掌握人行通道门禁系统的安装与调试。
3. 掌握人脸识别系统管理软件安装与使用。
4. 掌握人行通道门禁管理系统配置方法。

任务情景

在学校、政府及企事业单位、机场车站、智能小区等入口处，通常需要人行通道门禁系统对人员进行身份安全检查。如图6-1所示，进出人员需要走人行通道，而且需要刷脸、刷卡等，管理系统会自动进行身份识别，判断其具备通行权限，系统会在界面中显示信息并自动给予放行；判断其不具备通行权限的，则系统不会放行。

图6-1　人行通道摆闸门禁系统

任务准备

闸机(turnstile),是一种通道阻挡装置(通道管理设备),用于管理人流并规范行人出入,实现一次只通过一人,可用于各种收费、门禁场合的入口通道处管理。闸机主要应用于地铁闸机系统、收费检票闸机系统,以及学校、写字楼、商场超市、景区乃至高端小区等门禁系统。

闸机一般由箱体、拦阻体、机芯、控制模块和辅助模块等组成。

一、箱体

箱体一般用于保护机芯、控制模块等内部部件,并起到支撑作用。主体材质通常采用304或316的不锈钢,辅助材质包括有机玻璃、钢化玻璃、树脂、石材或木材等。选材一般需考虑坚固、美观、不易变形,防刮防划痕,防锈防腐蚀,较易加工固定。

二、拦阻体

拦阻体在不允许行人通过的时候起拦阻作用,允许行人通过时会打开放行。一般以门或拦杆的形式实现。根据拦阻体和拦阻方式的不同,闸机可以分为摆闸(图6-2)、翼闸(图6-3)、三辊闸(图6-4)、转闸(图6-5)、平移闸(图6-6)和一字闸(图6-7)。

图6-2 摆闸

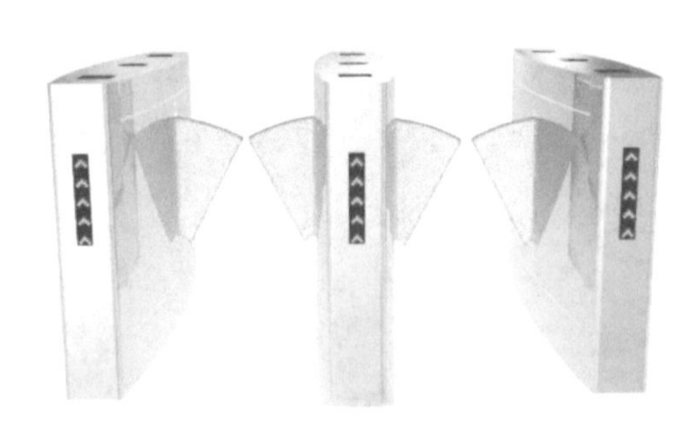

图6-3 翼闸

1. 摆闸

摆闸,也称为拍打门,其拦阻体(闸摆)的形态是具有一定面积的平面,垂直于地面,通过旋转摆动实现拦阻和放行。拦阻体的材质常用不锈钢、有机玻璃、钢化玻璃,有的还采用金属板外包特殊的柔性材料(减少撞击行人的伤害)。

摆闸适用于通道较宽的场合,包括携带行李包裹的行人或自行车较多的场合,以及行动不便者专用通道,还适用于对美观度要求较高的场合。

2. 翼闸

翼闸，也称为剪式门或速通门，其拦阻体（闸翼）一般是扇形平面，垂直于地面，通过伸缩实现拦阻和放行。拦阻体的材质常用有机玻璃、钢化玻璃，有的还采用金属板外包特殊的柔性材料（减少撞击行人的伤害）。

翼闸适用于人流量较大的室内场合，如地铁、火车站检票处，也适用于对美观度要求较高的场合。

图6-4 三辊闸

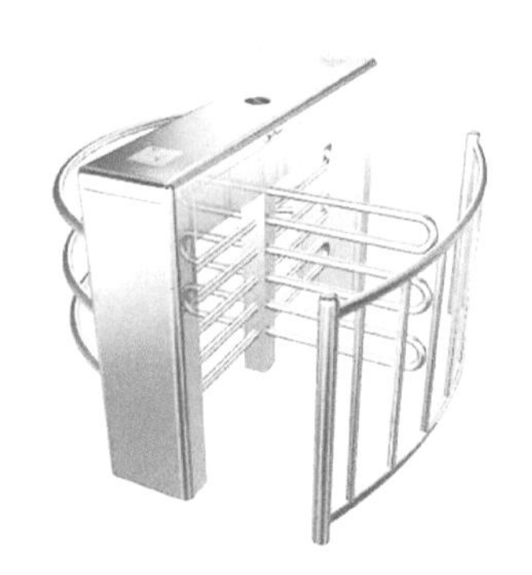

图6-5 转闸

3. 三辊闸

三辊闸，也叫三杆闸、三棍闸、三滚闸、辊闸、滚闸。拦阻体（闸杆）由3根金属杆组成空间三角形，一般采用中空封闭的不锈钢管，坚固不易变形，通过旋转实现拦阻和放行。

三辊闸适用于普通行人和人流量不是很大，或是行人使用时不太爱护的场合，以及一些环境比较恶劣的户外场合。

4. 转闸

转闸，也叫旋转闸，由三辊闸发展而来，借鉴了旋转门的特点（最大的区别在于拦阻体不是玻璃门，而是金属栅栏）。根据拦阻体高度的不同，分为全高转闸（又叫全高闸或全高旋转闸）和半高转闸（又叫半高旋转闸），全高转闸应用比较多。拦阻体（闸杆）一般由3根或4根金属杆组成平行于水平面的“丫”形（又叫三杆转闸）或“十”形（又叫十字闸或十字转闸）。

全高转闸适用于无人值守和安保要求非常高的场合，以及一些环境比较恶劣的户外场合。半高转闸适用于对通行秩序要求较高的场合，如体育馆、监狱等。

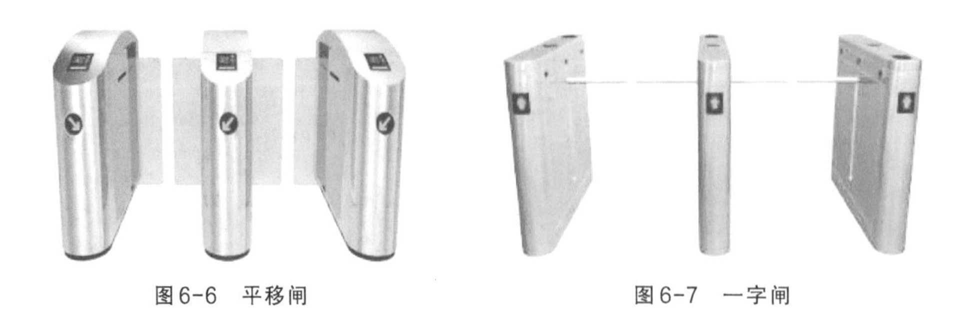

图6-6　平移闸　　　　图6-7　一字闸

5. 平移闸

平移闸，也叫平移门、全高翼闸等，由翼闸发展而来，借鉴了自动门的特点，拦阻体（闸翼）的面积较大，拦阻高度较大，垂直于地面，通过伸缩实现拦阻和放行。闸翼的材质常用有机玻璃、钢化玻璃。

平移闸适用于对安保性和美观性要求较高的室内场合。

6. 一字闸

一字闸是早期的闸机之一，拦阻体（闸杆）是一根金属杆，一般采用中空封闭的不锈钢管，坚固不易变形，通过升起闸杆使之平行于水平面和落下闸杆使之缩回到箱体中实现拦阻和放行。

一字闸易伤到行人，因此逐渐被淘汰。

三、机芯

闸机机芯由各种机械部件组成一个整体（包括驱动电机、减速机等），利用机械原理控制拦阻体的开启和关闭动作。根据对机芯控制方式的不同，分为机械式、半自动式、全自动式。

1. 机械式

机械式是通过人力控制拦阻体（与机芯相连）的运转，机械限位控制机芯的停止。所谓“机械式”，就是被动旋转的，机器不做动作，由行人推动旋转。机械式机芯常用于转闸和三辊闸，从使用的角度考虑，三辊闸所需推力非常小，没有必要电动助力。国内地铁所用三辊闸机基本上全部为机械式。

2. 半自动式

半自动式，也称电动式，是通过电磁铁来控制机芯的运转和停止。相对于机械式闸机，半自动式闸机要稳一些，造价比全自动式要低。没有电机，恶劣环境下使用比自动式要可靠。

3. 全自动式

全自动式，也称自动式，是通过电机来控制机芯的运转和停止。翼闸、摆闸、平移闸等都属于全自动式闸机，如图6-8所示，摆闸机芯有三个位置传感器，摆闸运行原理是通过位置传感器信号，来控制摆闸机芯的运转和停止，从而控制摆闸的开启和关闭。

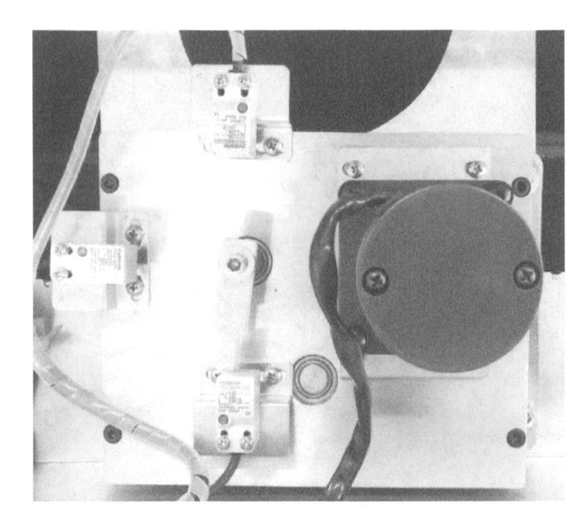

图6-8　摆闸机芯

全自动式机芯性能和使用寿命的关键因素包括机械部件的加工工艺和材质，以及最重要的驱动电机和相配套的减速机。

驱动电机通常采用直流有刷电机或直流无刷电机。直流有刷电机成本较低，控制技术比较简单，因此被国内闸机厂商广泛采用，但其中的碳刷属于易损耗件，需要定期维护和更换。直流无刷电机无碳刷使用寿命较长，但成本很高，控制技术也很复杂。

根据同一台闸机所含机芯和拦阻体数量的不同，闸机可分为单机芯（包含1个机芯和1个拦阻体）和双机芯（包含2个机芯和2个拦阻体，呈左右对称形态）。

四、控制模块

控制模块通常称为闸机控制板，利用微处理器技术实现各种电气部件和驱动电机的控制。微处理器一般采用单片机，如果控制系统比较复杂，或是在需要与很多其他系统（包括票务系统、门禁系统等）集成，并且对响应时间要求很高的情况下，需要采用性能更高的ARM处理器甚至Cortex处理器。

1. 简单控制电路

简单控制电路一般只需主控板、电机控制板及辅助控制板即可实现，复杂控制电路（如地铁检票机）则需要配置专门的工控机来实现。如图6-9、图6-10所示，摆闸控制主机板及其端口接线功能。

图6-9　摆闸控制主机板

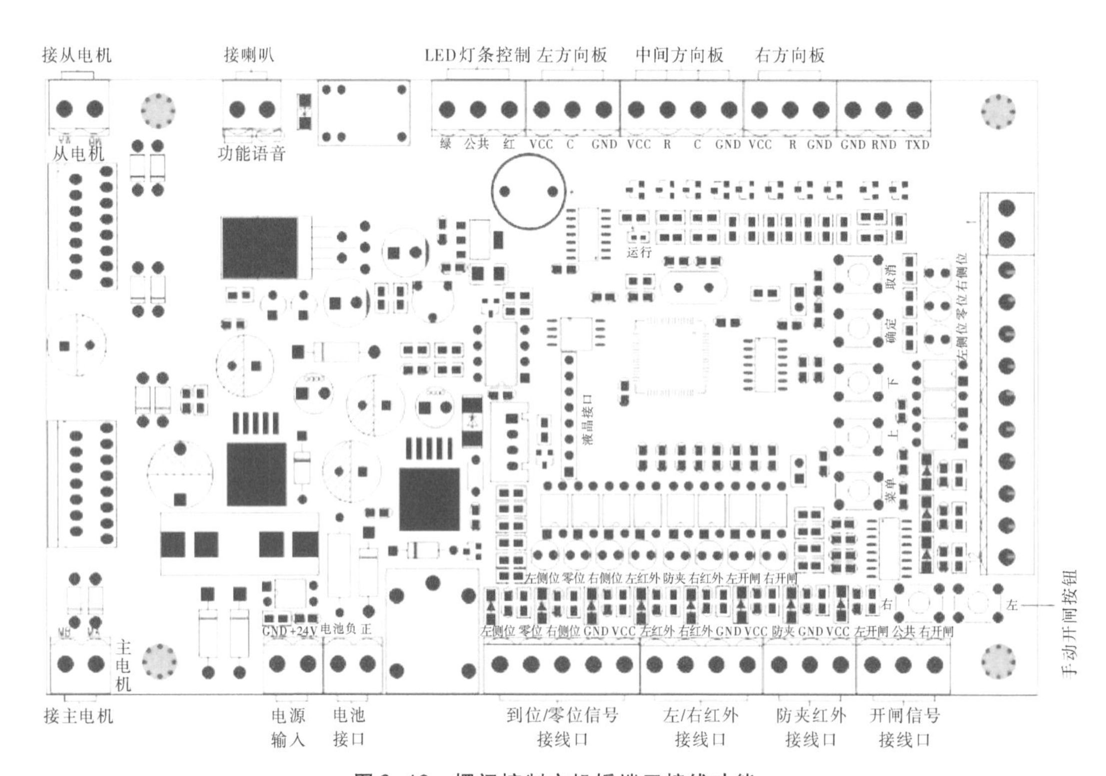

图6-10　摆闸控制主机板端口接线功能

2. 从机板

闸机从机板一般承担电机控制板及辅助控制板的作用。当使用两个摆闸时，从机板需要和主板配合使用。如图6-11、图6-12所示，摆闸从机板及其端口接线功能。

图6-11 摆闸从机板

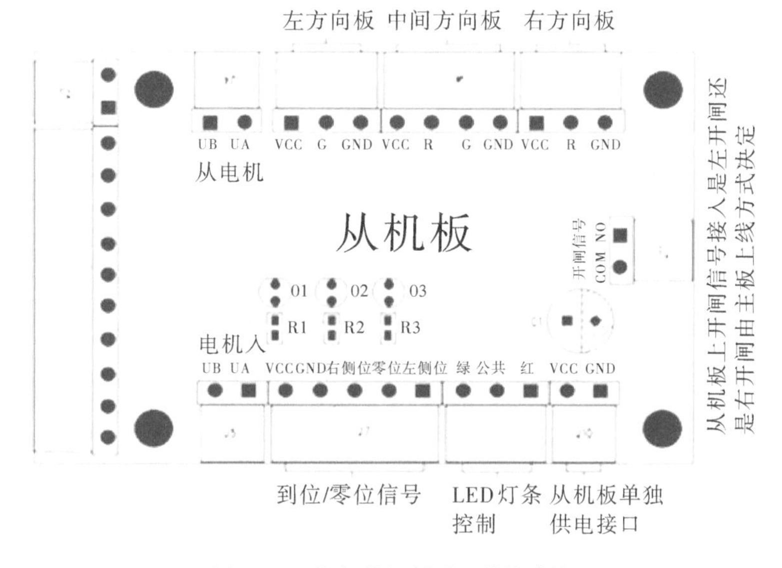

图6-12 摆闸从机板端口接线功能

五、辅助模块

辅助模块包括LED指示模块、计数模块、行人检测模块、报警模块、权限输入模块、语音提示模块等。

1. LED指示模块

一般由LED点阵或LED显示屏组成，用于指示闸机的通行状态和方向，有的还包含文字或图案等提示信息和欢迎信息等。

2. 计数模块

用于记录通行人数，可通过LED数码管或显示屏显示信息，可以清零和设置计数上限。

3. 行人检测模块

用于识别行人的通行状态，判断行人是否合法通行，并且可以判断行人是否处于拦阻体运动范围内,以保护行人的人身安全。检测模块的性能非常关键,影响到闸机的有效性和安全性,主要由硬件(传感器)和软件(识别算法)这两个因素决定。

传感器一般采用红外光电开关(比较常见)或红外光幕,红外光电开关又分为成对使用的对射式(比较常见)和单个使用的反射式;高端闸机会采用10对以上进口红外光电开关,特殊场合会采用高性能红外光幕或其他特殊的传感器。

识别算法也很重要,不同行人的身高、步距、速度各不相同,携带行李的尺寸和位置也是多种多样,还要考虑到多人连续通过前后间距(防尾随),有些场合还要考虑骑自行车通行的情况。高端闸机厂商一般会根据大量的实验数据建立相应的数学模型,自行开发识别算法,可以有效识别行人、行李和自行车等常见的通行目标,并且防尾随距离可以达到20 mm以内,该指标同时取决于传感器识别精度和算法,普通闸机防尾随距离只能达到100 mm。

4. 报警模块

闸机在各种非正常使用状况下会触发报警,用于提示或警告行人、管理者和维修者,这些状况包括非法通行、闸机异常、上电自检等,报警方式包括蜂鸣、灯光、语音等。

5. 权限输入模块

身份识别作用,行人在通行之前需要让闸机"知道"自己是否具备合法通行的权限,即"输入"权限让闸机判断是否可以放行。输入方式有很多种,如非接触式IC卡刷卡方式、生物识别、输入密码、投币等,地铁闸机常用的是刷卡识别,海关通道闸机用的是人脸、证件、指纹三合一识别。如图6-13为人脸识别一体化终端,支持WG26、WG34,图6-14、图6-15所示为两种人脸识别一体化终端接线端示意图。

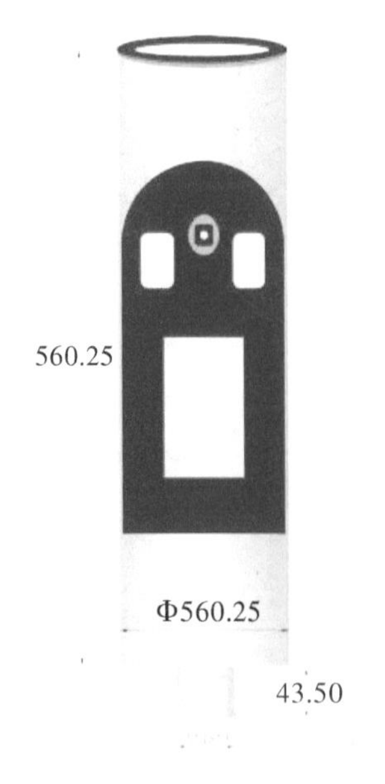

人脸识别一体化终端		
屏幕	尺寸	5英寸，170°IPS液晶屏
	分辨率	480×854
摄像机	分辨率	200W像素
	类型	RGB摄像头
	光圈	F2.4
	焦距	6mm
	白平衡	自动
	宽动态	支持
	垂直广角	52度
	水平广角	29度
核心参数	CPU	4核，1.8 GHz
	存储容量	内存2G，储存8G
接口	音频	1路音频输出（line out）
	视频	HDMI2.0 Type-A接口 1个
	串行通讯接口	1个RS232接口
	复位接口	设备背面RESET小孔
	网络接口	1个RJ45 10M/100M自适应以太网口
功能	人脸检测	同时支持检测跟踪5个人
	1：N人脸识别	误识别率万分之三的条件下，识别准确率99.7%
	陌生人检测	支持
	识别距离配置	支持
	UI界面配置	支持
	设备远程升级	支持
	部署方式	支持公网、局域网使用
常规参数	防护等级	IP42，一定的防尘防水功能
	电源	DC12V（±10%）
	工作温度	-10℃～60℃（可选配恒温器）
	工作湿度	10%～90%
	功耗	10W MAX
	设备尺寸	560.25*φ114mm（高*直径）
	重量	≈5kg

图6-13　人脸识别一体化终端

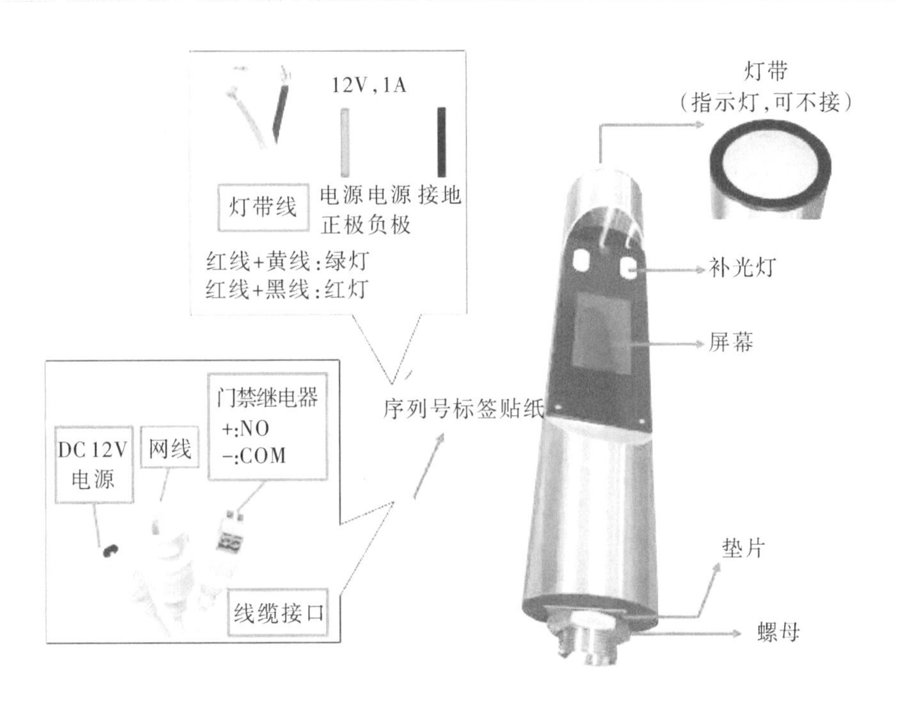

图6-14　人脸识别一体化终端接线端示意图1

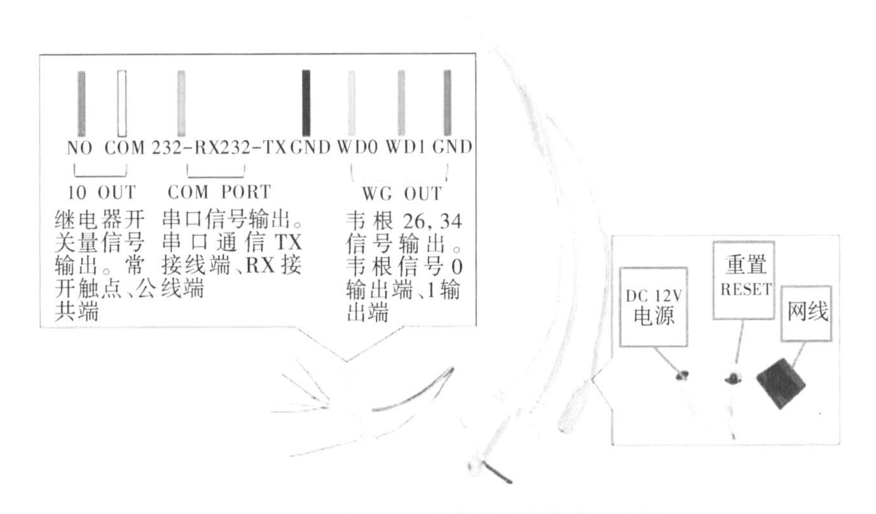

图6-15　人脸识别一体化终端接线端示意图2

6. 语音提示模块

这里的语音提示与前面报警模块中的语音报警不同,主要是用于辅助提示行人相关的信息,如提示通行门票的类型、欢迎信息等。该模块不太常用,需要用户向厂商定制。

任务实施

一、人行通道门禁系统的材料准备

人行通道门禁系统所需准备的器件及材料，如表6-1所示。

表6-1 人行通道门禁系统所需准备的器件及材料

序号	名称	型号或规格	图片	数量	备注
1	主机板	YT-TDZZB02 摆闸控制器		1块	
2	从机板	YT-TDZZB02 摆闸控制器		1块	
3	闸机机芯	摆闸机芯	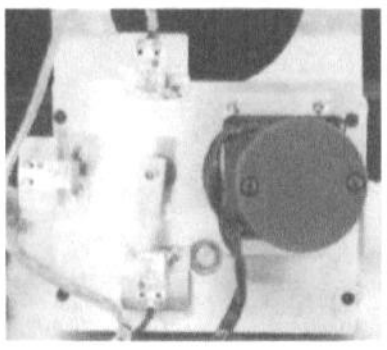	2套	
4	闸机电源	12V开关电源	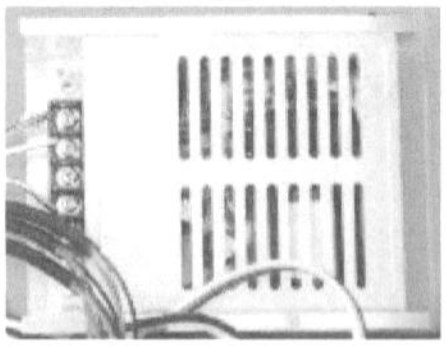	1只	
5	人脸识别终端	WG26通信型		2只	
6	交换机	H3C-1224R	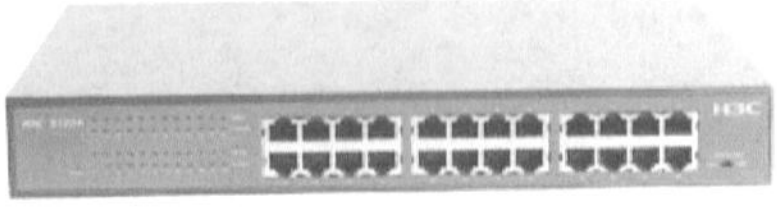	1台	

续　表

序号	名称	型号或规格	图　片	数　量	备注
7	空气开关	DZ47	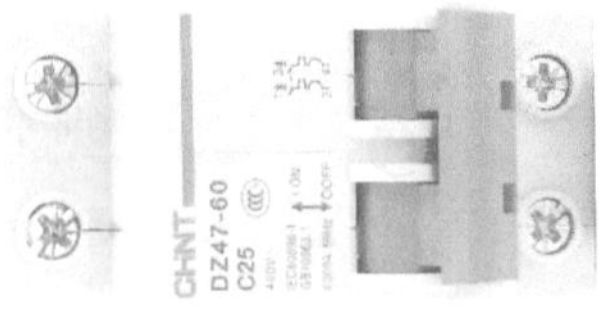	1只	
8	喇叭	3寸电动式		1只	
9	蓄电池	12V7ah	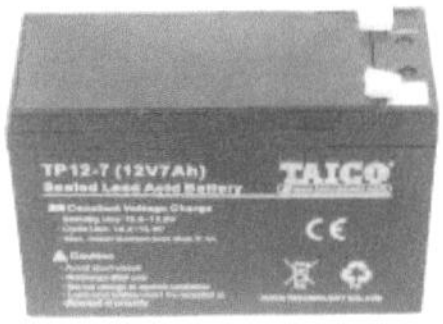	1只	
10	状态指示灯板	LED状态指示灯板 YT-ZSD 01		2只	
11	红外对射传感器	PS18T3-2PA/3-2E	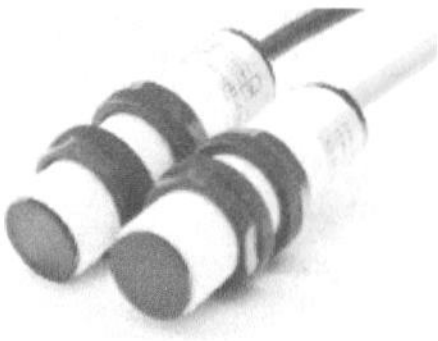	3对	
12	读卡器	闸机专用读卡器 IC/ID		2只	
13	人脸识别管理系统	人脸识别管理系统 V1.6.2		1套	
14	计算机	Windows 7系统		1台	
15	网线	双绞线RJ 45		若干米	
16	连接导线	1平方双色软线		若干米	
17	工具			1套	

二、单摆闸机门禁控制系统接线

1. 系统接线

根据图6-1摆闸门禁系统，挑选合适器材，依据图6-10 摆闸控制主机板端口接线功能要求，完成单摆闸机门禁系统接线。

2. 系统组网

依照图6-16所示，将人脸识别管理系统与人脸识别终端通过交换机直接组成局域网。

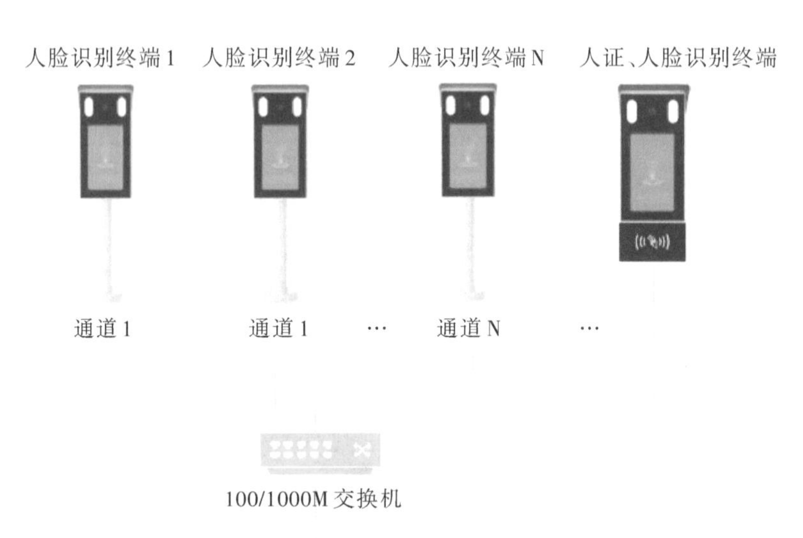

图6-16 人脸识别管理系统组网架构

3. 通电检查

(1)检查摆闸控制主机板电源指示灯是否常亮。

(2)检查摆闸LED状态指示灯是否正常闪烁。

(3)检查单摆是否转动到阻挡位(即中间停止位)。

(4)检查摆闸报警系统是否提示启动。

(5)检查电脑、交换机的网络是否正常闪烁。

(6)检查人脸识别终端是否启动，摄像头是否正常工作，有无提示音。

三、单摆闸机门禁控制系统调试

1. 人脸识别管理系统安装

解压人脸识别管理软件压缩包，双击人脸安装软件图标 人脸识别管理系统.exe ，进入安装界面，如图6-17所示。

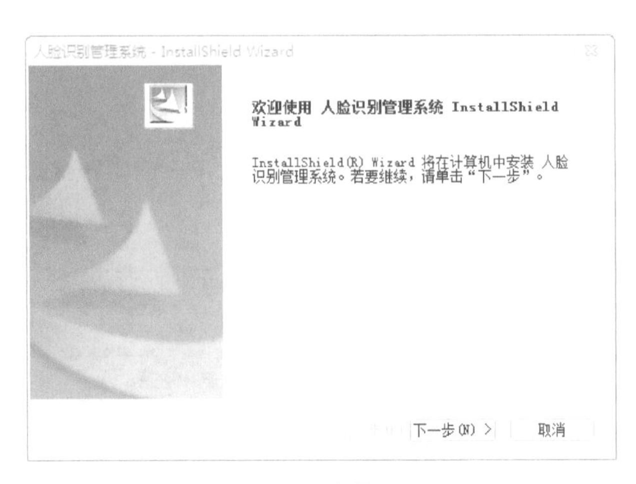

图6-17 安装界面

点击“下一步”，如图6-18所示。

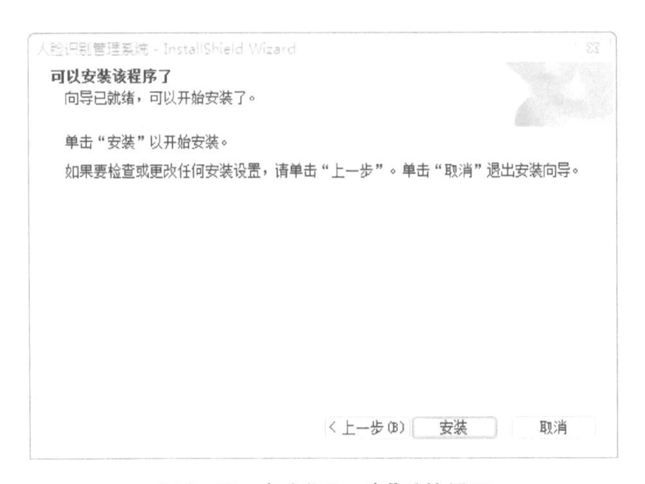

图6-18 点击“下一步”后的界面

点击“安装”，等待安装完成。安装完成后，系统将在桌面自动生成人脸识别管理系统图标和数据库创建工具图标，如图6-19所示。

图6-19　创建图标

若在电脑桌面上未找到图标，请通过windows“开始”→“所有程序”→“人脸识别管理系统”文件夹中找到图标，并创建快捷方式到电脑桌面上。

2. 数据库创建

双击电脑桌面的数据库创建工具图标，进入数据库创建界面，如图6-20所示。

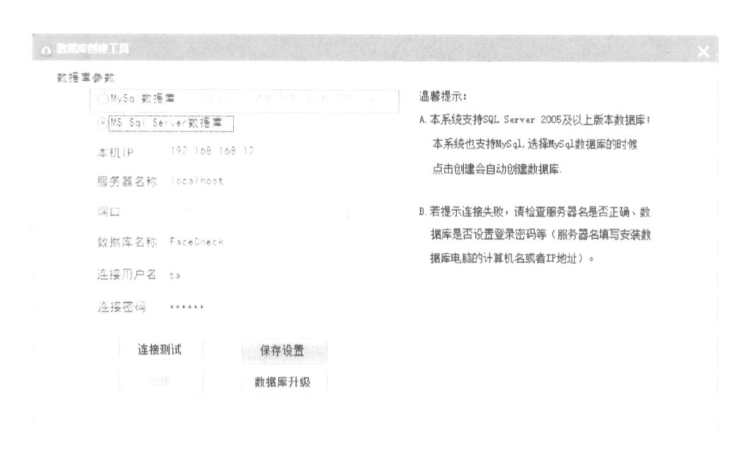

图6-20　数据库创建界面

可选择数据库类型，My SQL数据库首次使用时会自动创建，填写数据库参数，步骤如图6-21所示。

(a)点击“连接测试”

(b)点击“创建”

(c)点击“数据库升级”

(d)保存成功

图6-21 数据库升级步骤

提示升级成功后关闭数据库创建工具。

3. 系统登录

步骤一:双击电脑桌面人脸识别软件图标或者点击桌面“开始”→“所有程序”→“人脸识别管理系统”→“人脸识别管理系统”文件夹下的人脸识别管理系统图标进入登录界面,如图6-22所示。

图6-22　登录界面

步骤二：输入账号和密码，点击“登录”进入系统主界面。默认的账号：admin。密码：123456。钩选“记住账号”，系统将记住登录账号，无须再填写账号。

4. 添加设备

系统登录后，进入系统主界面。首次进入主界面默认为16路实时监控显示画面，主界面如图6-23所示。

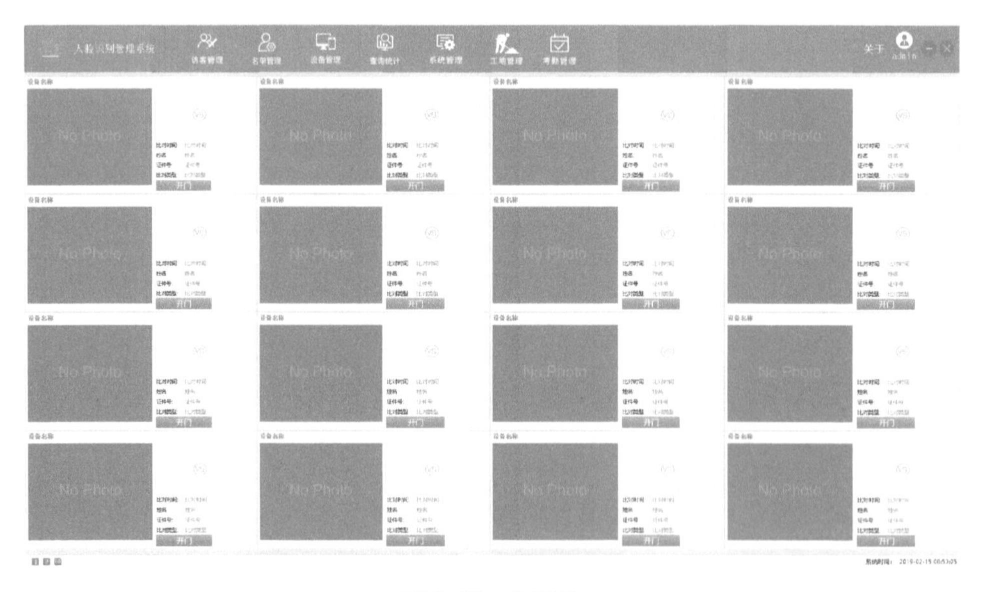

图6-23　主界面

将人脸识别终端设备添加到人脸识别管理系统中，并进行设备参数修改。

(1)自动查找

点击“设备管理”→“新增”→“查找”，系统查找到的人脸识别终端设备将显示在列表中，可修改设备IP地址和网关，修改完成后点击“确认添加”将设备添加到系统中。

添加设备界面如图6-24所示。

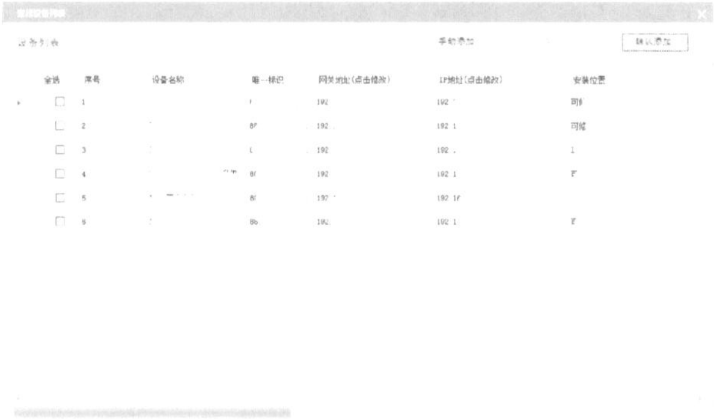

图6-24　添加设备界面

(2)修改设备参数

在设备列表选择设备后，点击“修改”按钮，进入设备信息修改界面，可对设备的名称、安装位置、出入类型、人脸语音提示、全景照片存储、开启图片监控、补光灯类型、全景照片上传、黑名单记录上传、数据自动覆盖等参数进行修改。

5. 新增白名单

添加白名单主要是对白名单人员信息进行登记，录入白名单人员信息。

点击“添加”，输入姓名、性别、民族、身份证号、ID/IC卡号、地址、名单有效期、楼栋(公司)、单元(公司)、房号，完成信息输入；或使用身份证阅读器直接读取人员信息，输入人员信息完成后，需至少采集一张人员照片，可通过选择电脑上存储的照片，也可使用电脑摄像头拍摄清晰的正脸照片(台式电脑需要连接USB摄像头)，然后点击“保存”按钮完成白名单添加。

添加白名单界面，如图6-25所示。

图6-25　添加白名单界面

白名单登记完成后，在白名单管理界面中选定需要下发的白名单，并选择需要下发的设备，点击“下发白名单”按钮，系统将选定白名单数据下发到选定的设备上。

6. 系统设置

点击系统管理下菜单的“系统设置”，弹出系统设置窗口，设置界面如图6-26所示。

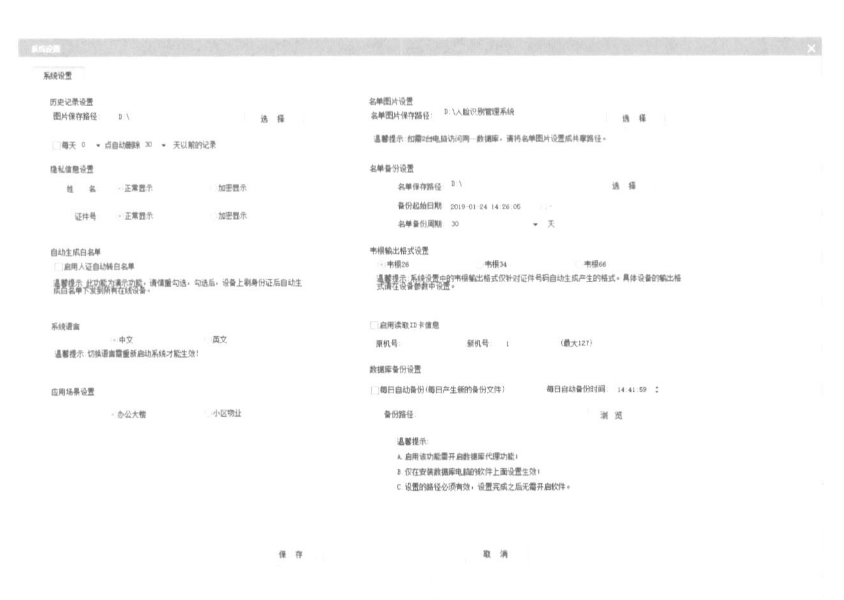

图6-26 系统设置界面

(1)历史记录图片保存位置：选择识别比对记录中比对照片的图片存储路径，选择路径时建议选择文件夹保存图片。

(2)保存时长：选择数据保存时长，以及自动删除数据的时间，到期后系统将自动删除数据和存储的照片。

(3)显示：配置系统主界面比对记录中人员姓名和身份证号码显示方式。

正常显示时将显示所有姓名和身份证号码。

加密显示时，姓名加密显示，身份证号码仅显示前6位。

(4)自动生成白名单：钩选后，系统将自动将人证比对成功的人员转为白名单。

(5)场景选择：选择系统应用场景。

(6)名单图片保存设置：配置白/黑名单照片的存储文件夹。

(7)名单备份设置：配置白名单自动备份的周期，并设置备份名单存储的路径。

(8)韦根输出格式设置：系统默认使用韦根26编译方式，修改不同的韦根输出方式，增加白名单时将按照设置的韦根输出格式显示和导出。

(9)读卡器启用配置：若需要使用IC卡刷卡方式，则需要启用读取IC卡信息，配置IC读卡器机号并设置新机号，用于人脸识别登记时发卡。

(10)若不使用IC卡功能,则不需要开启此功能。

(11)数据库备份设置:配置数据库自动备份周期和时间,选择数据库备份文件的存储路径。

7. 系统测试

(1)检查通道1以及人脸识别终端1的门禁识别效果。

(2)检查主界面中的监控画面情况。

四、双摆闸机门禁控制系统接线

实现了单摆闸机门禁控制系统接线后,接下去进行双摆闸机门禁控制系统接线。

1. 系统接线

如图6-1摆闸门禁系统所示,挑选合适器材,依据图6-10摆闸控制主机板端口接线功能、图6-12摆闸从机板端口接线功能要求,完成双摆闸机门禁控制系统接线。

2. 系统组网

将人脸识别管理系统与人脸识别终端通过交换机直接组成局域网。

3. 通电检查

(1)检查摆闸从机板电源指示灯是否常亮。

(2)检查从机板上连接的LED状态指示灯是否正常闪烁。

(3)检查从机板上单摆是否转动到阻挡位(即中间停止位)。

(4)检查摆闸报警系统是否提示启动。

(5)检查红外对射传感器是否工作。

五、双摆闸机门禁控制系统调试

1. 系统登录

步骤一:双击电脑桌面人脸识别软件图标或者点击桌面“开始”→“所有程序”→“人脸识别管理系统”→“人脸识别管理系统”文件夹下的 人脸识别管理系统 图标进入登录界面,如图6-27所示。

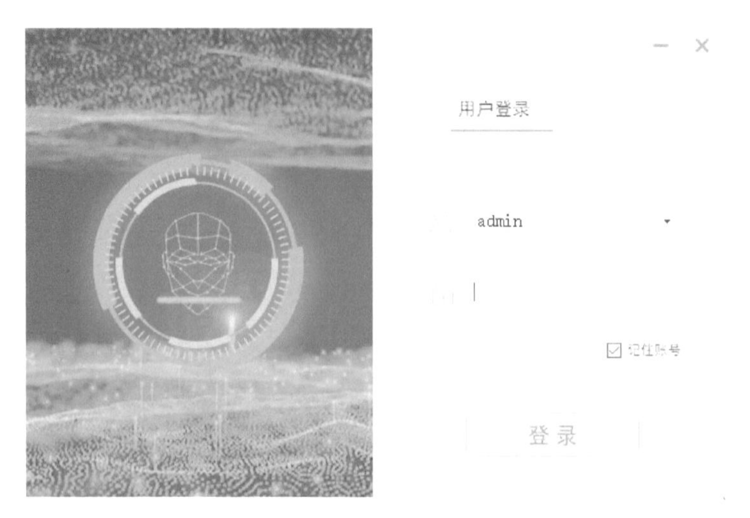

图6-27 人脸识别登录界面

步骤二:输入账号和密码,点击“登录”进入系统主界面。默认的账号:admin。密码:123456。钩选“记住账号”,系统将记住登录账号,无须再填写账号。

2. 添加设备

系统登录后,进入系统主界面。首次进入主界面默认为16路实时监控显示画面,主界面如图6-28所示。

图6-28 系统主界面

将人脸识别终端设备添加到人脸识别管理系统中,并进行设备参数修改。

3. 自动查找

点击“设备管理”→“新增”→“查找”,系统查找到的人脸识别终端设备将显示在列表中,可修改设备IP地址和网关,修改完成后点击“确认添加”将设备添加到系统中。

添加设备界面如图6-29所示。

图6-29 添加设备界面

4. 修改设备参数

在设备列表选择设备后,点击“修改”按钮,进入设备信息修改界面,可对设备的名称、安装位置、出入类型、人脸语音提示、全景照片存储、开启图片监控、补光灯类型、全景照片上传、黑名单记录上传、数据自动覆盖等参数进行修改。

5. 系统测试

(1)检查通道1以及人脸识别终端1、2的门禁识别效果。

(2)检查主界面中的监控画面情况。

任务评价

任务评价如表6-2所示。

表6-2 任务评价表

评价项目	任务评价内容	分值	自我评价	小组评价	教师评价
职业素养	遵守实训室规程及文明使用实训器材	10			
	按操作流程规定操作	5			
	纪律、团队协作	5			
理论知识	了解人行通道门禁系统闸机的基本组成	10			

续 表

评价项目	任务评价内容	分值	自我评价	小组评价	教师评价
理论知识	了解人脸识别管理系统软件	10			
实操技能	掌握摆闸门禁控制系统的接线	20			
	掌握人脸识别管理系统的安装	10			
	掌握摆闸门禁控制系统的调试	30			
总分		100			
个人总结					
小组总评					
教师总评					

练一练

一、填空题

1. 闸机(turnstile),是一种通道__________装置(通道管理设备),用于管理人流并规范行人__________,实现一次只通过一人,可用于各种收费、门禁场合的__________通道处管理。

2. 闸机可以分为__________、__________、__________、转闸、平移闸和一字闸。

3. 闸机机芯由各种机械部件组成一个整体(包括驱动电机、减速机等),利用机械原理控制拦阻体的__________和__________动作。根据对机芯控制方式的不同,分为__________式、__________式和全自动式。

4. 控制模块通常称为__________,利用微处理器技术实现各种__________部件和__________的控制。

5. 辅助模块包括LED指示模块、__________模块、__________模块、报警模块、__________模块、语音提示模块等。人脸识别一体化终端是辅助模块中的__________模块。

6. 闸机一般由箱体、__________、机芯、__________和辅助模块等组成。

二、简答题

1. 简述闸机的分类情况。

2. 简述闸机辅助模块的组成情况。

3. 简述人脸识别管理系统如何进行设备配置。

项目七　车辆通道门禁系统

项目目标

1. 认识车辆门禁系统的组成、类型、性能及应用。
2. 掌握车辆门禁系统的安装调试方法。
3. 掌握车牌识别系统管理软件的安装配置方法。
4. 掌握车牌识别系统管理软件的使用方法。

任务情景

在政企单位、学校、医院、智能小区以及停车场,对固定车辆与临时车辆进行出入口安全统一管理。如图7-1所示,当车辆行驶到识别区域时,系统会自动对车辆的车牌号码进行识别判断,如果车辆具备通行权限,系统会在界面中显示车辆的信息并自动抬杆给予放行;如果车辆不具备通行权限,则系统不会自动抬起闸杆。

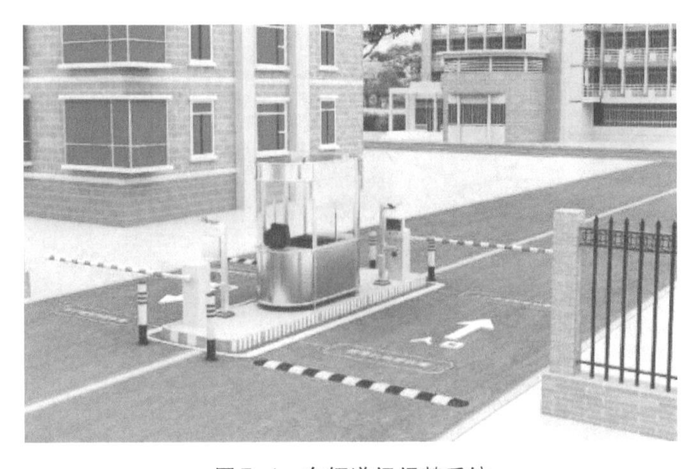

图7-1　车辆道闸门禁系统

任务准备

车辆道闸门禁系统采用车牌识别系统，主要由车牌识别一体机、车辆检测器、道闸、智能管理软件以及补光灯等辅助装置组成。

车牌识别系统是能监控路面的车辆，并自动提取车辆牌照信息进行处理的技术，如图7-2所示。当车辆进入车牌识别系统抓拍区域时，会触发车牌识别一体机抓拍车辆的图像，并自动识别出车牌号。

图7-2 车牌识别系统示意图

一、车牌识别一体机

车牌识别一体机是指把车牌识别功能集成到前端(DSP)的一体化摄像机，摄像机集车牌识别、摄像、前端存储、补光灯等功能于一体，是车牌识别系统中最主要的核心部分，能够监控和抓拍过往车辆，自动根据视频流或者图片识别出车牌号码，如图7-3所示。

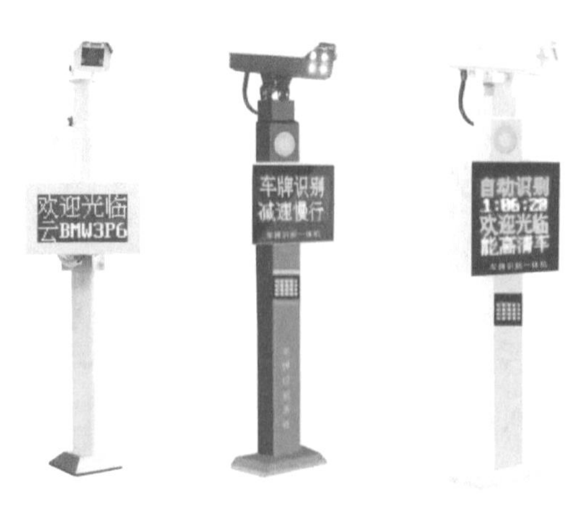

图7-3 车牌识别一体机

车牌识别一体机主要由车牌识别摄像机、LED显示屏(包括控制主板、语言模块、喇叭、电源)、立柱、LED补光灯以及专业管理软件等组成,如图7-4所示。

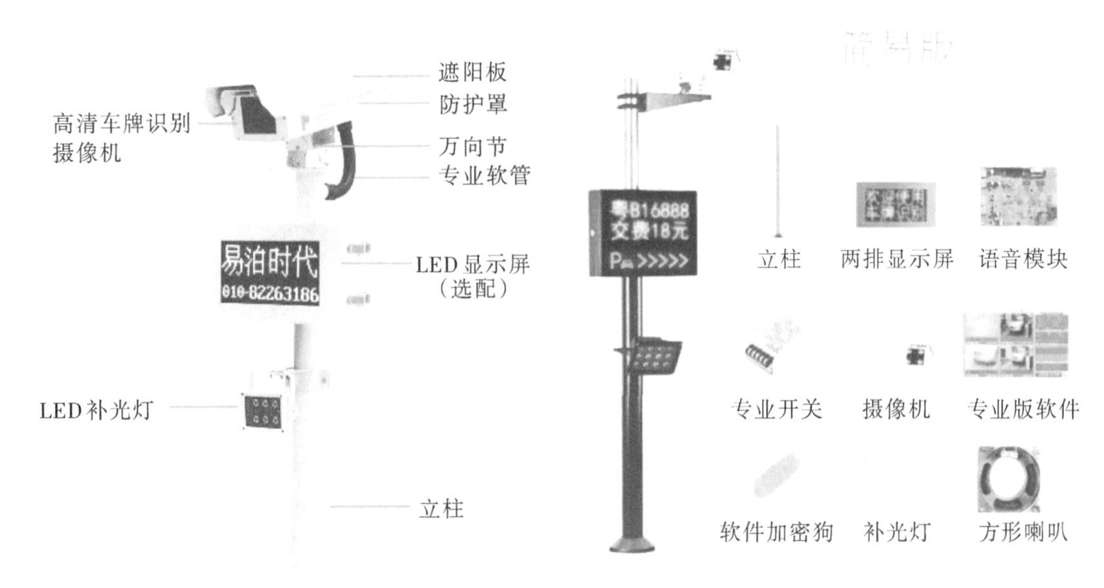

图7-4　车牌识别一体机的组成

1. 车牌识别摄像机

车牌识别摄像机是一款停车场专用,基于嵌入式的智能高清车牌识别一体机产品,具有车牌识别、摄像、前端储存、补光等功能。摄像机采用百万像素高清识别技术,采用高清宽动态CMOS和TI DSP,峰值计算能力高达6.4GHz,提供H.264、MPEG 4、MJPEG的实时码流,结合高性能的视频压缩算法,使图片传输更加流畅,如图7-5所示。

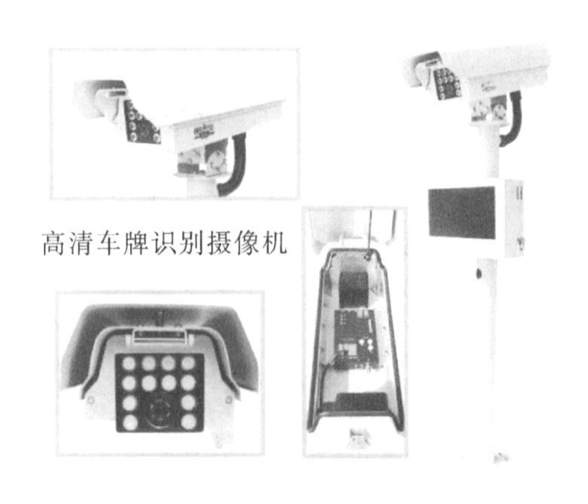

图7-5　车牌识别摄像机

如图7-6所示,车辆行驶到检测区域时,车牌上反射光被摄像机镜头收集,聚焦在摄像器件受光面上,通过摄像器件把光学图像信号转变为电信号,得到“视频信号”,再通过车牌识别算法分析，能够实时准确地自动识别出车牌的数字、字母、汉字字符，并直接识别车牌号。同时管理者还可以通过抓拍到的图片识别出车辆特征，如车型、颜色等，以便于存储或者传输。

图7-6　车牌检测

车牌识别摄像机采用的宽动态CMOS、基于车牌的局部曝光、图像算法控制的补光技术等，完全区别于普通的车牌识别摄像机，可以自动跟踪光线变化，有效抑制顺光和逆光，尤其在夜间可以抑制汽车大灯的干扰，从而清晰地捕捉车牌，如图7-7所示。特别是基于图像算法控制的补光，避免了传统光敏电阻补光的不稳定性，从而完全保证了在黑夜、逆光、大灯直射、恶劣天气等环境下的良好成像效果。

图7-7　车牌补光

2. 车牌识别LED显示屏

车牌识别LED显示屏如图7-8所示，主要作为停车场收费显示屏使用。车牌识别LED显示屏支持白名单车辆显示和播报，更能够实现客户自定义语句的显示和播报，支持多条信息播放、顺序排队播放和优先插播播放等。

图7-8　车牌识别LED显示屏

车牌识别LED显示屏内部结构如图7-9所示，主要由LED显示屏、控制主板、喇叭以及电源等组成。如图7-10所示，目前应用较多的车牌识别LED显示屏控制主板，是集控制、显示、语音等为一体的主板控制卡。

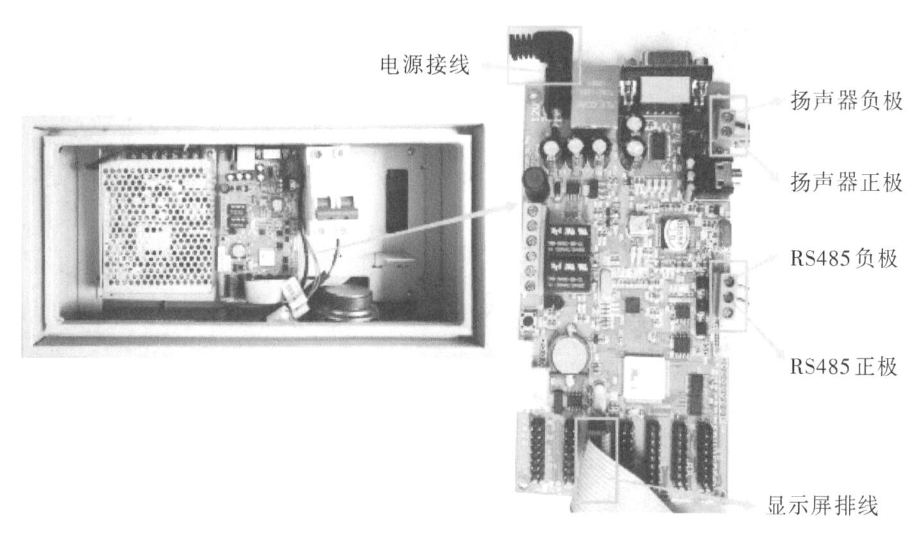

图7-9　车牌识别LED显示屏内部结构

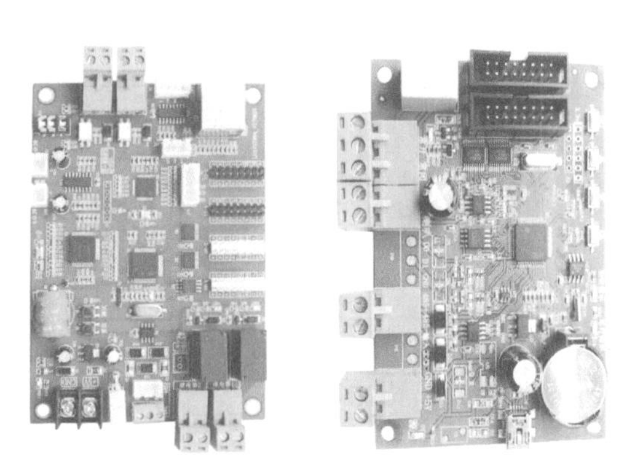

图7-10　车牌识别LED显示屏控制主板

3. LED补光灯

LED补光灯主要用于解决由于光线不足导致对车牌识别率的影响问题，可根据环境来选配不同强度的补光灯。LED补光灯外形如图7-11所示。

图7-11　LED补光灯

二、道闸

道闸(Barrier Gate),又称挡车器,如图7-12所示,是专门用于道路上限制机动车行驶的通道出入口管理设备。现广泛应用于公路收费站、停车场系统管理车辆通道,用于管理车辆的出入。在获取了要求通过车辆的车牌信息后,道闸系统发送指令控制道闸开启。

图7-12 道闸

1. 道闸结构

道闸闸机的基本组成部分包括箱体、拦阻体、机芯、控制模块和辅助模块。智能自动道闸由箱体、电动机、离合器、机械传动部分、栏杆、电气控制等部分组成,集磁、电、机械控制于一体的机电一体化产品,如图7-13所示。

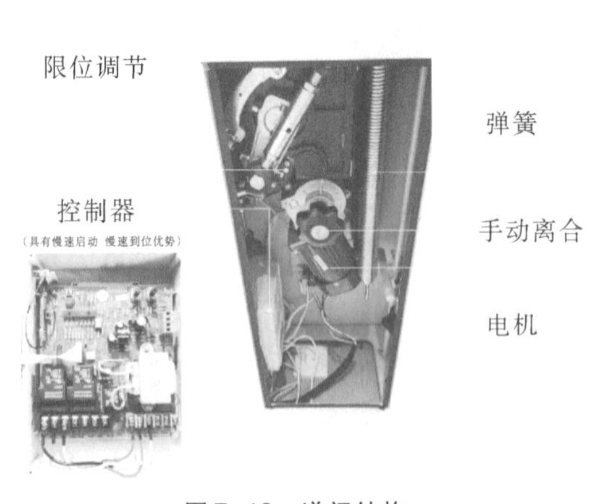

图7-13 道闸结构

(1)箱体:酸洗、磷化、静电喷涂聚脂粉末后进入295℃高温的烘房,再经两小时以上热融等表面处理流程,以获得卓越的耐风雨、耐擦洗、抗紫外线、不褪色的性能。

(2)一体化机芯:机芯将蜗轮减速箱、变矩机构、主轴支承、主托架等四大件集成于一体。

采用45#钢整体精密铸造成形后经大型数控加工中心一次性加工成形，大大减少了内部零件数量，大幅度提升了设备的整体可靠性与批量品质的一致性。

（3）变频电机：钕铁硼稀土永磁同步变频调速自编码电机。电机的转速可以精确跟随输入频率的变化而变化，在转速大幅度变化时转矩却恒定。在功率、转速相同的情况下，与其他常用电机相比，其起动冲击电流与体积均最小，但其转矩却是其他电机的2—3倍，并且在电机长时间堵转时，电机的工作电流不会上升。闸杆升降可做到非常平稳，可精确控制开闸（或关闸）耗时，理论精确度达到1/1000s，而且任何情况下电机也绝不会损坏（不包括过压使用情况）。

（4）行程控制系统：编码定位系统与上述自编码变频电机所组成的特有机构，取缔了现有的机械、光电、电磁等一切行程开关，做到了行程自动学习、记忆和修复，也就没有了任何需要调节、维护以及可能损坏的部件。

（5）力矩平衡机构：采用独特的平衡机构，仅使用一根弹簧轻松平衡1—6米长度水平栏杆或带关节的曲臂栏杆。

（6）电气控制单元：采用微芯片为核心的高可靠性、高度集成化控制系统。内部已集成红外编码控制器、气囊传感控制器、扭矩传感器、红外对射控制器、地感控制器、全固态电机驱动控制器、闸机运动位置控制器、电源系统以及高频头。

（7）选配装置：压力电波防砸车装置、遥控装置、红外线检测保护装置或地感检测保护装置、ID/IC卡智能停车场管理系统等配置。

2. 道闸工作原理

（1）道闸控制板根据操作指令控制电机进行正向反转，电机带动减速机输入轴转动，减速机在减速输出轴带动摇臂在后半周180°范围内上下转动，减速机摇臂通过下关节轴承、连杆、上关节轴承带动主轴驱动臂在后半周90°范围内做上下运动，主轴驱动臂驱动与主轴连接的闸杆在水平与垂直的90°范围内做升降运动。

（2）由平衡臂、平衡弹簧组成的平衡机构可以平衡闸杆的力矩，最大限度地减小驱动机构的负荷，延长道闸的使用寿命。

（3）自动道闸的闸杆升到垂直位的限位，是由凸轮上的垂直位磁铁感应支架上的垂直位霍尔传感器来控制的；同样地，水平位由水平位磁铁感应水平位霍尔传感器进行控制。

（4）自动道闸停电的时候，可以把摇把从闸箱后部的小孔中插入，套住手动摇把输入轴，摇动摇把升起闸杆。

3. 道闸分类

道闸按照控制部分的性能，分为机电道闸、数字道闸、智能闸，其中智能道闸具有LED显示和语音播报功能。

道闸根据闸杆分为栅栏道闸、直杆道闸、曲臂杆道闸。

道闸根据起落速度分为快速道闸、中速道闸、慢速道闸。

道闸根据安装方向分为左向道闸和右向道闸。

三、车辆检测装置

车辆检测包括车辆检测器(图7-14)和地感线圈,它们组成一个系统,需要一起配合使用,地感线圈作为数据采集,检测器用于实现数据判断,并输出相应的逻辑信号。

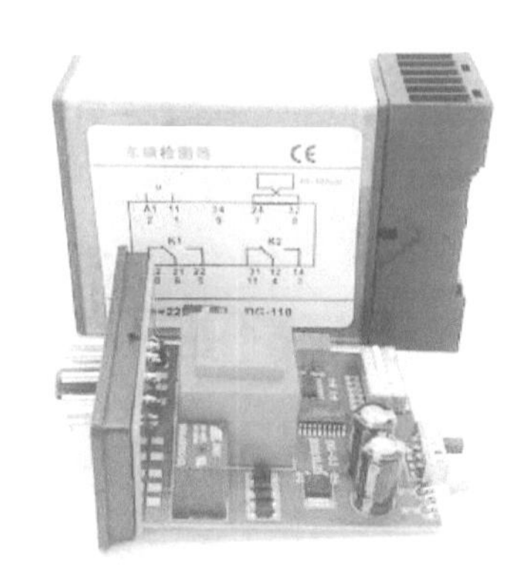

图7-14 车辆检测器

1. 车辆检测器

车辆检测器,也称环路感应器(英文CHD-DGII),检测器一般由机架、中央处理器、检测卡和接线端子组成。车辆检测器主要起到触发作用,触发地感才开启车牌识别一体机进行监控和抓拍,避免了车牌识别一体机时刻都处于开启状态。

环路感应器广泛应用于检测车辆、自行车等金属物,适用于停车场、公路车辆收费站及信号灯控制系统等。环路感应器采用了最先进的微处理器技术,可以满足各种使用环境下的应用。当金属物通过埋设在路面下的线圈时,由于金属导体会改变线圈的电感量,环路感应器可通过探测线圈电感量的变化来探测金属物。

(1)工作原理

环路感应器是通过探测金属物在感应线圈上的电感量变化来探测到金属物的。地感线圈是由多匝导线绕制的,埋在路面下,用水泥填充好。线圈引线连接到环路感应器。当金属物通过感应线圈时,导线圈的电感量发生了一些变化。这个变化被环路感应器检测到,环路感应器通过内部智能控制器的运算判断出有金属物,并通过输出继电器输出信号。由于有微处理器的智能控制作用,环路感应器的灵敏度可以适应各种要求,对不同大小的感应线圈和引线也能良好匹配。电感变化量的检测方法一般有两种:一种是利用相位锁存器和相位比较器,对相位的变化进行检测;另一种是利用环形线圈构成的耦合电路对其振荡频率进行检测。

(2)线圈调谐

环路感应器的调谐过程是完全自动进行的。当环路感应器加电或被复位时,它将自动调谐到它所接的线圈,调谐范围为50—1000mH。这样宽的调谐范围保证了对线圈和引线的较低要求。一旦调谐好,任何环境对电感量产生的缓慢变化都将反馈探测器内部的补偿电路,保证正常工作。

(3)灵敏度

环路感应器的灵敏度取决于这样的一些因素,如线圈大小、线圈的匝数、引线长度以及在圈下方是否有金属。不同应用场合对环路感应器灵敏度的要求不同。环路感应器的灵敏度是为停车场管理系统特别优化的。当选择较低灵敏度时,像自行车、手推车等较小的物体不会引起探测器动作,对车底盘较高的车辆和带拖车的车辆也能很好地适应。

(4)反应时间

环路感应器的反应时间定义是,从金属物进入感应线圈到环路感应器给出指示信号的时间间隔。环路感应器探测器的反应时间是为停车管理系统专门优化的,一般为100ms。太短的反应时间在有电磁干扰的环境下容易造成误动作,太长的反应时间也会造成使用不便。

2. 地感线圈

地感线圈主要用于高精度的测量传感器,是最近几年才出现的一个智能车辆检测管理系统,适用于停车场、公路车辆收费站以及交通信号灯控制等系统。

车辆检测的技术关键是地感线圈的施工质量、感应线圈的稳定可靠和汽车经过时频率的变化度。如图7-15所示,车辆检测工作流程是当有车辆经过地感线圈,地感线圈会产生电感量传输给车辆检测器,车辆检测器就会发出两组继电器信号,一组是进入地感线圈信号,一组是离开地感线圈信号,每组都有开启和关闭两种信号。

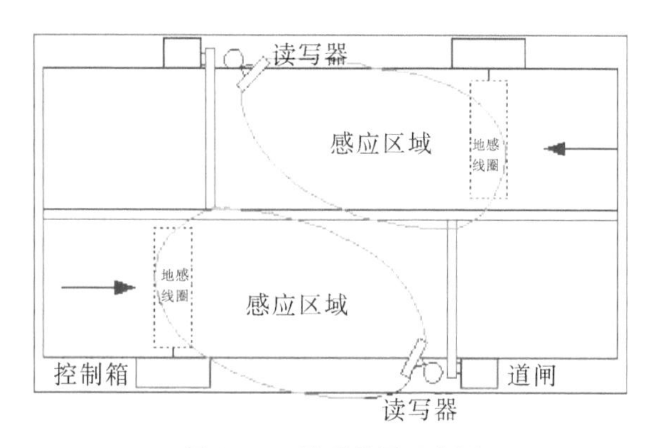

图7-15 地感线圈示意图

(1)工作原理

地感线圈就是一个振荡电路,用于检测是否有汽车经过以及经过的速度。其工作原理就是在地面上先造出一个圆形的沟槽,直径大概1m,或是面积相当的矩形沟槽,在沟槽中埋入2—3匝导线,这就构成了一个埋于地表的电感线圈。这个线圈是振荡电路的一部分,由它和电容组成振荡电路。振荡信号通过变换送到单片机组成的频率测量电路,频率测量电路便可以测量这个振荡器的频率。

当有大的金属物(如汽车)通过或静止在感应线圈的检测域时,金属材料将会改变感应线圈内的磁通,引起感应线圈回路电感量的变化,从而引起振荡频率的变化(有金属物体时,振荡频率升高),单片机便可以测出变化的频率值,也即可以感知有汽车经过。同时这个信号的开始和结束之间的时间间隔,又可以用来测量汽车的移动速度。

(2)线圈材料

在理想状况下,地感线圈的埋设只考虑面积的大小(或周长)和匝数,可以不考虑导线的材质。但在实际工程中,必须考虑导线的机械强度和高低温抗老化问题,在某些环境恶劣的地方还必须考虑耐酸碱腐蚀问题。如果导线老化或抗拉伸强度不够导致导线破损,检测器将不能正常工作。在实际的工程中,建议采用1.0mm以上铁氟龙高温多股软导线。

(3)线圈形状

地感线圈通常应该是长方形。两条长边与金属物运动方向垂直,彼此间距推荐为1m。长边的长度取决于道路的宽度,通常两端比道路间距窄0.3—1m。

某些情况下,需要检测自行车或摩托车时,可以考虑线圈与行车方向倾斜45°安装。

某些情况下,路面较宽(超过6m)而车辆的底盘又太高时,可以采用“8”字形安装形式以分散检测点,提高灵敏度。这种安装形式也可用于滑动门的检测,但线圈必须靠近滑动门。

(4)线圈的匝数

为了使检测器在最佳状态下工作,线圈的电感量应保持在100—300 μH。在线圈电感不变的情况下,线圈的匝数与周长有着重要关系,周长越小,匝数就越多。一般可参照表7-1所示。

表7-1 线圈周长、匝数和电感值

序号	线圈周长	线圈匝数	电感值(μH)
1	3m以下	根据实际确定	100—200
2	3—6m	5—6匝	100—300
3	6—10m	4—5匝	100—300

续 表

序号	线圈周长	线圈匝数	电感值(μH)
4	10—25m	3匝	100—300
5	25m以上	2匝	100—300

由于道路下可能埋设有各种电缆管线、钢筋、下水道盖等金属物质，这些都会对线圈的实际电感值产生很大影响，所以上表数据仅供用户参考。在实际施工时，用户应使用电感测试仪实际测试地感线圈的电感值来确定施工的实际匝数，只要保证线圈的最终电感值在合理的工作范围之内(如在100—300μH之间)即可。

(5)输出引线

在绕制线圈时，要留出足够长度的导线以便连接到环路感应器，并且要求中间没有接头。绕好线圈电缆以后，必须将引出电缆做成紧密双绞的形式，要求最少1m绞合20次。否则，未双绞的输出引线将会引入干扰，使线圈电感值变得不稳定。输出引线长度一般不应超过5m。由于探测线圈的灵敏度随引线长度的增加而降低，所以引线电缆的长度要尽可能短。

(6)埋设方法

线圈埋设首先要用切路机在路面上切出槽来。在四个角上进行45°倒角，防止尖角破坏线圈电缆。切槽宽度一般为4—8mm，深度30—50mm。同时还要为线圈引线切一条通到路边的槽。但要注意，切槽内必须清洁无水或无其他液体渗入。绕线圈时必须将线圈拉直，但不要绷得太紧并紧贴槽底。将线圈绕好后，将双绞好的输出引线通过引出线槽引出。

在线圈的绕制过程中，应使用电感测试仪进行实际测试地感线圈的电感值，并确保线圈的电感值在100—300μH。否则，应对线圈的匝数进行调整。

在线圈埋好以后，为了加强保护，可在线圈上绕一圈尼龙绳，最后用沥青或软性树脂将切槽封上。

任务实施

一、器件及材料准备

车牌识别一体机所需准备的器件及材料，如表7-2所示。

表7-2　车牌识别一体机所需准备的器件及材料

序号	名　称	型号或规格	图　片	数量	备注
1	车牌识别摄像机	海康车牌识别摄像机 DS-TCG225		1只	
2	LED显示屏	LED双排8字单红色显示屏		1块	
3	控制箱	车牌识别LED显示屏控制箱		1只	
4	控制卡	车牌识别LED显示控制主板		1块	
5	空气开关	DZ47		1只	
6	喇叭	3寸电动式		1只	
7	道闸机箱及栏杆	百胜栅栏1m		1台	
8	道闸机芯	百胜BS-JDZ 3063		1台	

续　表

序号	名　称	型号或规格	图　片	数量	备注
9	道闸主板	威捷 DZJ 2.1		1块	
10	车辆检测器	ZMT-110B		1只	
11	地感线圈	1平方多芯软线	需要自制	2个	
12	交换机	H3C-1224R		1只	
13	软件	车辆识别管理系统		1套	
14	计算机	Windows 7系统		1台	
15	网线	双绞线 RJ 45		若干米	
16	安装工具			1套	

二、车辆通道车牌识别门禁系统接线

标准一进一出系统拓扑图，如图 7-16所示。

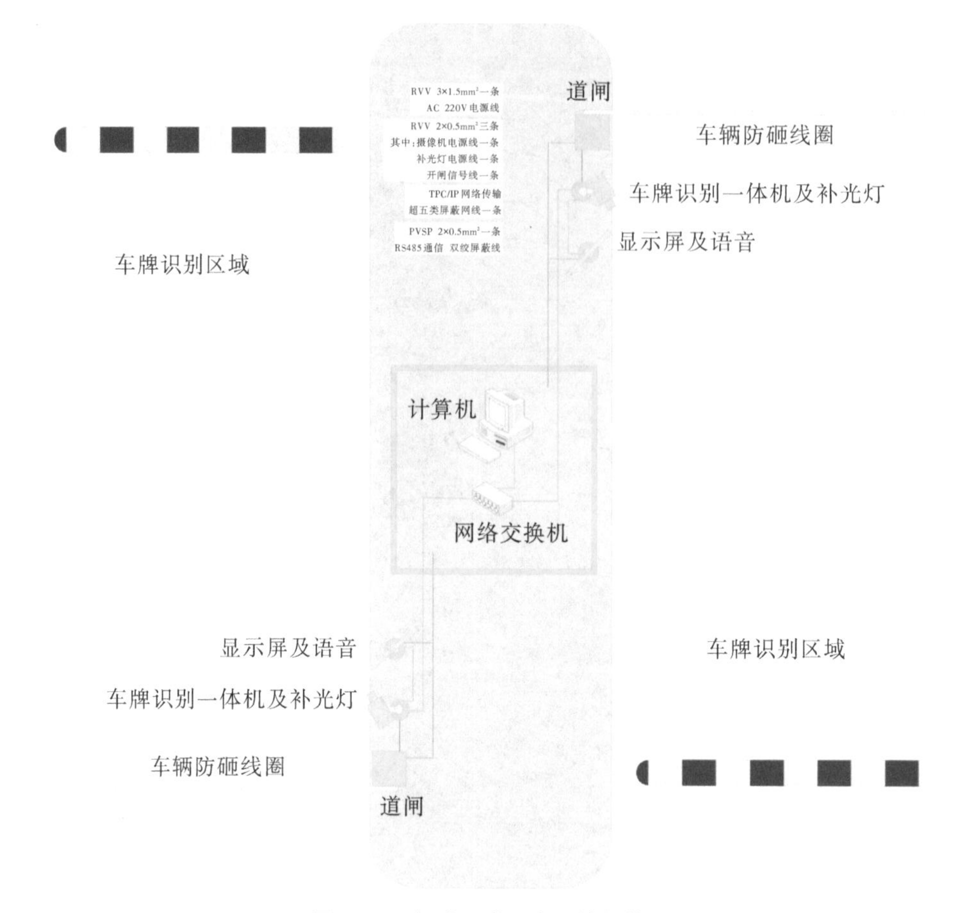

图7-16　标准一进一出系统拓扑图

(一)系统接线

1. 系统布线图

从通道情况来看,车牌识别道闸门禁系统大概可分为标准一进一出、单通道一进一出以及单通道出入口分开等三种。

标准一进一出系统的计算机网络以及车牌识别管理系统是公用的,而车牌识别及显示屏系统、道闸控制系统是需要独立的。

一个标准的基本单元包括一个完整的车牌识别及显示屏系统、一个道闸控制系统、一个计算机网络以及车牌识别管理系统。车牌识别道闸基本单元系统是车牌识别道闸门禁系统的重要组成部分。

2. 基本单元系统接线

(1)车牌识别道闸系统接线

车牌识别道闸系统接线主要涉及车牌识别摄像机、LED显示屏控制卡、道闸主板以及车辆检测器等之间的接线,如图7-17所示。

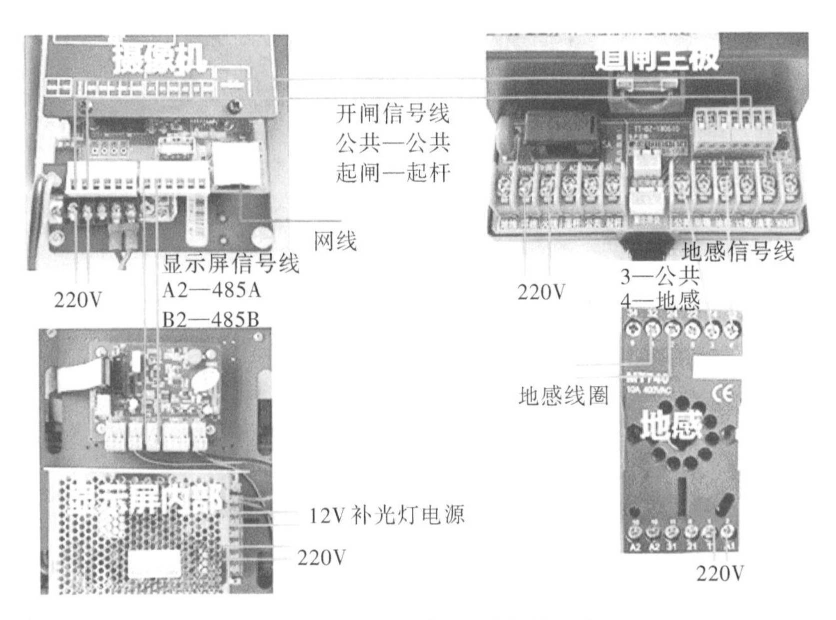

图 7-17　车牌识别道闸系统接线示意图

(2)车牌识别摄像机接线

打开车牌识别摄像机盖子,即可看到车牌摄像机里面接线柱。如图 7-18 所示,A2、B2 是 LED 显示屏 485 控制线,A1、B1 是语音 485 控制线(仅在有语音模块的时候采用),OUT1、OUT2 为道闸控制线。

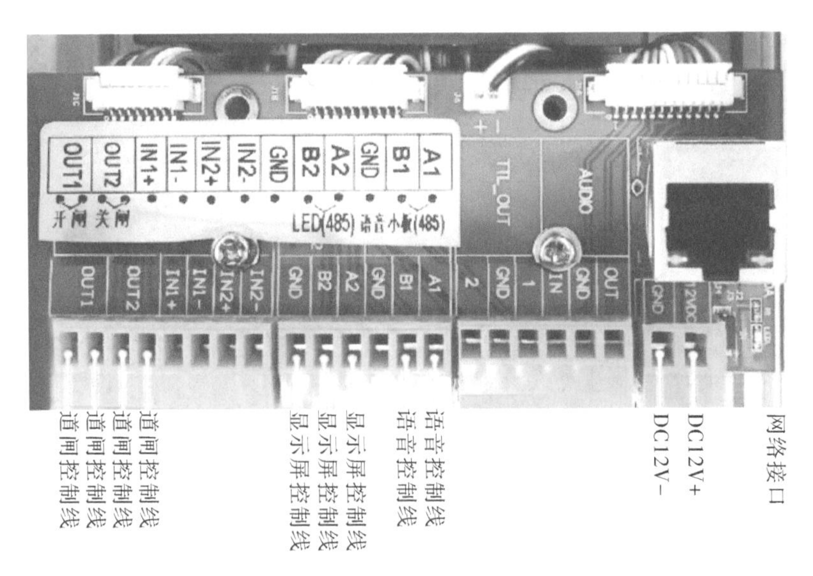

图 7-18　车牌识别摄像机接线图

(3)LED 显示屏控制卡接线

LED 显示屏控制卡接线,如图 7-19 所示。

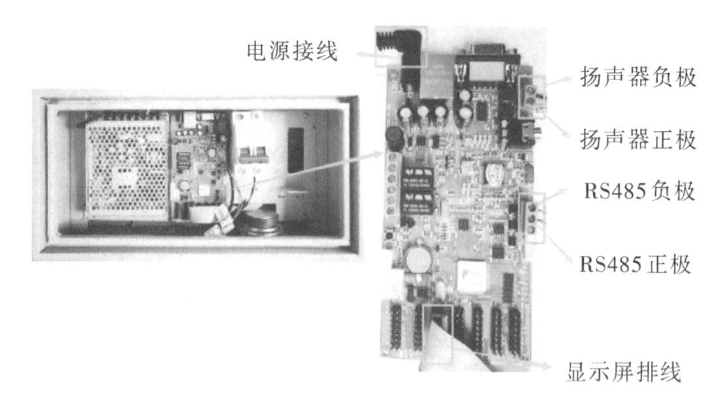

图7-19 LED显示屏控制卡接线图

打开LED显示屏控制箱，如图7-18所示，控制卡集成了语音模块，RS485接线端连接车牌识别摄像机显示屏485控制线，显示屏排线连接LED显示模块，扬声器端口连接喇叭。

(4)道闸主板接线

道闸主板如图7-20所示，为威捷DZJ2.1接线图。对应主板接线图来完成接线，一般主要接三种线，即道闸电源线、控制线及地感线。

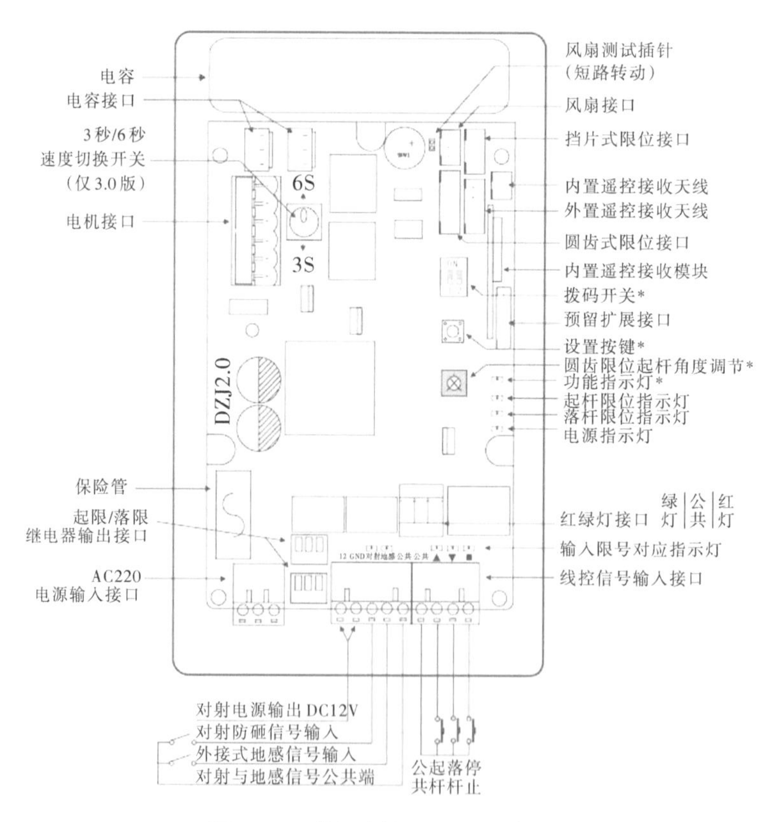

图7-20 道闸主板DZJ2.1接线图

(5)车辆检测器接线

车辆检测器底座的接线如图7-21所示,1、2脚接220V电源;3、4脚接道闸板地感继电器K2,车压线圈时输出信号,用于有车读卡取卡,用于车过落杆,有防砸车功能;7、8脚接环路地感线圈。

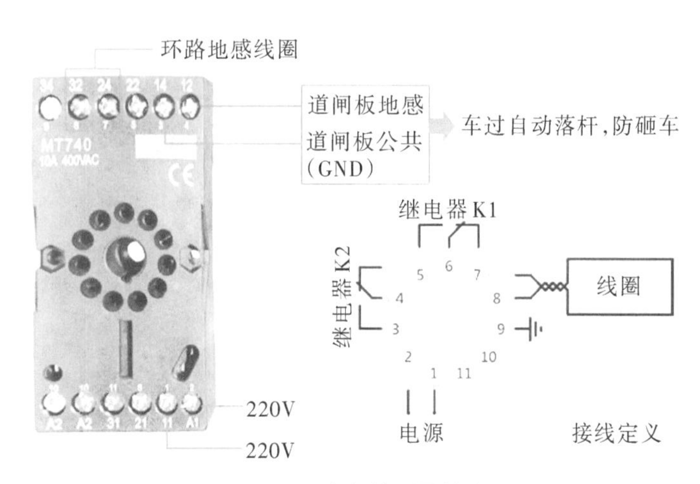

图7-21　车辆检测器接线

(二)系统组网

如图7-22所示,车牌识别管理系统将通过交换机直接组成局域网,以方便实现对多路出入口进行车辆管理。

(三)通电检查

(1)检查道闸控制主机板电源指示灯是否常亮。

(2)检查道闸LED状态指示灯是否正常闪烁。

(3)检查道闸是否转动到阻挡位。

(4)检查车牌识别终端是否启动,摄像头是否正常工作,LED显示屏是否正常工作,语音系统有无提示音。

(5)检查电脑、交换机的网络是否正常闪烁。

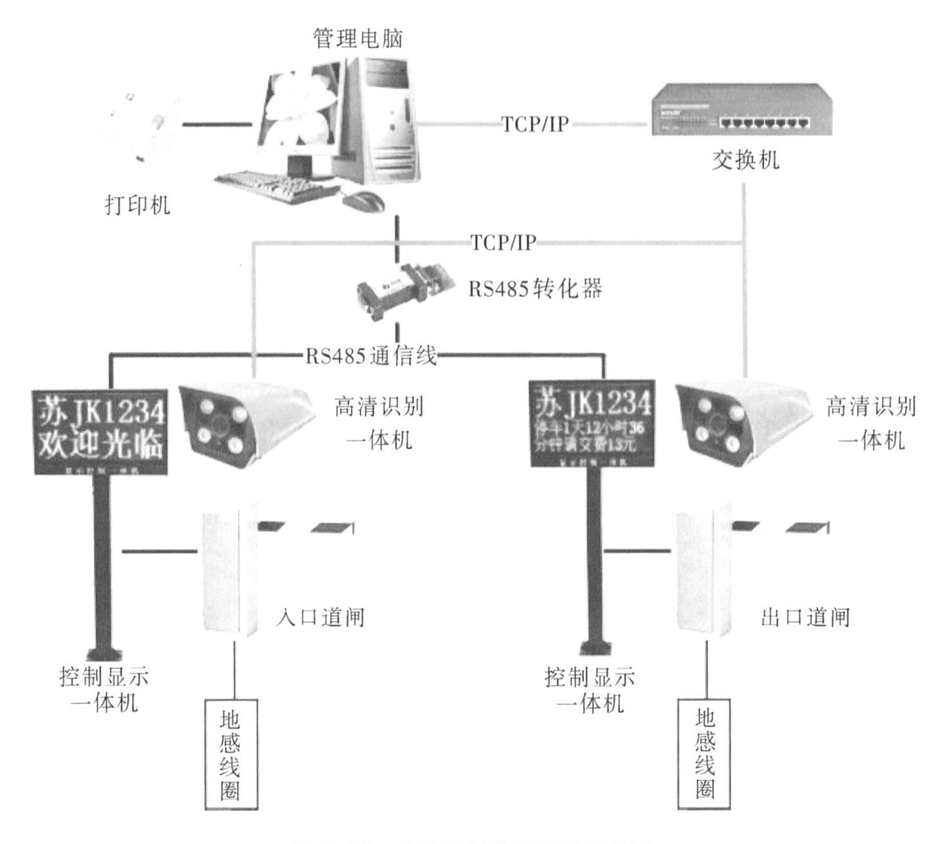

图7-22　车牌识别管理系统拓扑图

三、车辆通道车牌识别门禁系统调试

(一)车辆识别管理系统安装

车辆识别管理系统安装,如图7-23所示。

图7-23　车辆识别管理系统安装

请先安装好SQL Server 2000\2005\2008后,运行以下软件安装步骤。

1. 创建和连接数据库

创建和连接数据库,如图7-24所示。

车牌识别系统数据库安装/升级

说明:
1、安装前，确保其电脑上已经安装SqlServer；
2、本安装程序支持本地、远程安装2种模式；
3、远程安装失败时，请直接到其所属电脑上安装；
4、Sql2008安装前，请先安装“Sql2008补丁”；

SqlServer版本：SQL2005及以下版本
服务器：
登陆方式：
SqlServer用户名和密码登录
网络ID的Windows NT方式登录
用户名：sa
密 码：
文件版本：v3.5.4.3.sql
SqlServer版本：
执行方式：安装
执行进度：
Sql2008补丁 安装 退出
提示

图7-24 创建和连接数据库

计算机如果已经安装SQL2000以上数据库,可以选择SQL Server用户与密码登录。

2. 安装车牌识别软件

安装车牌识别软件,如图7-25所示。

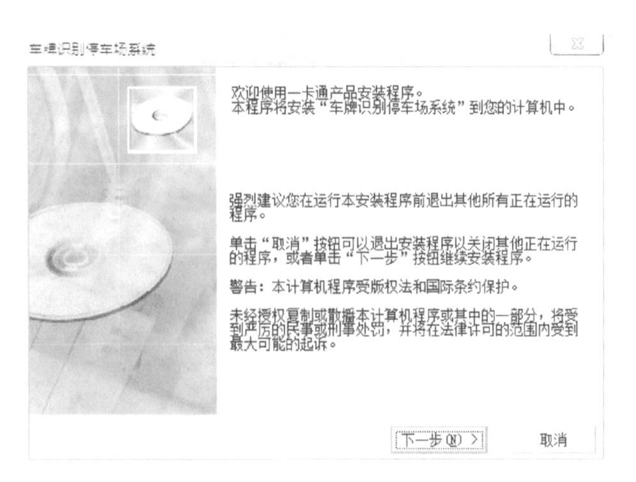

图7-25 安装车牌识别软件

按照提示完成车牌识别软件的安装。

(二)运行准备

1. 操作前准备

先插入加密狗到电脑USB插口,然后单击桌面图标 “车牌识别停车场系统”。

2. 登录系统

登录系统,如图7-26所示。

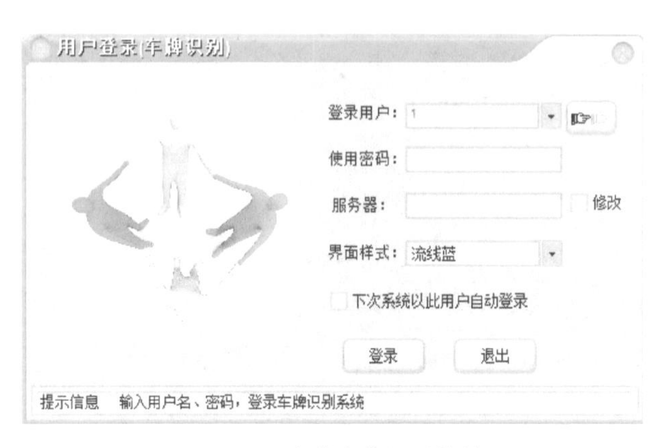

图7-26 安装车牌识别软件

进入系统登录界面,第一次登录系统时,可以通过超级管理员用户名“system”进入系统,登录密码为“8888”,系统自带管理员账号不能用于收费,收费必须额外添加管理员或者收费员。

3. 注册与延期

当无系统使用权限或者系统使用权限过期后,需要开通系统使用权限。“开通或延期号”通过厂家获取,如图7-27所示。

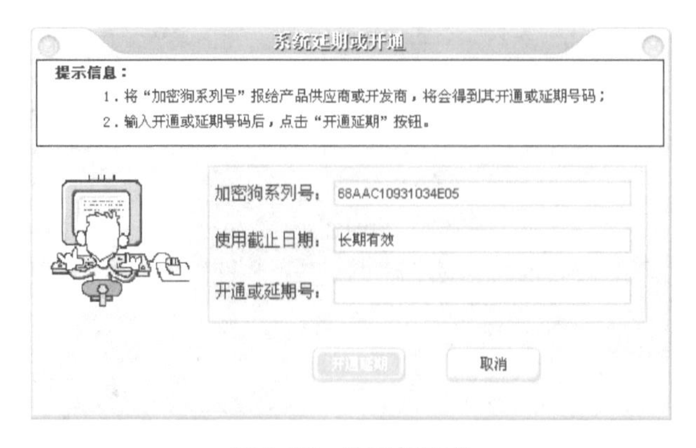

图7-27 注册与延期

4. 相机授权

车牌识别相机加入系统后，不能正常使用，必须先进行授权，正确授权的相机才可以使用，每台相机有一个唯一序列号，产品发货时，加密狗中已经默认对相机进行授权。若后期项目增加新的相机后，必须先授权再进行使用。授权方式如图7-28所示。

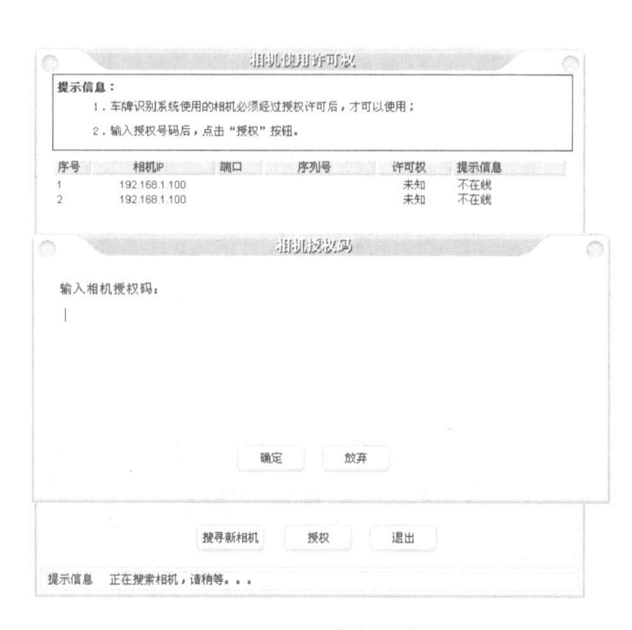

图7-28　授权方式

5. 主界面

程序运行后，程序界面如图7-29所示，主要有主窗口、菜单栏、工具栏和控制窗口。系统主要功能有运行设置、车辆管理、车场管理、查询搜索、报表统计、系统维护、帮助、在线监控等。

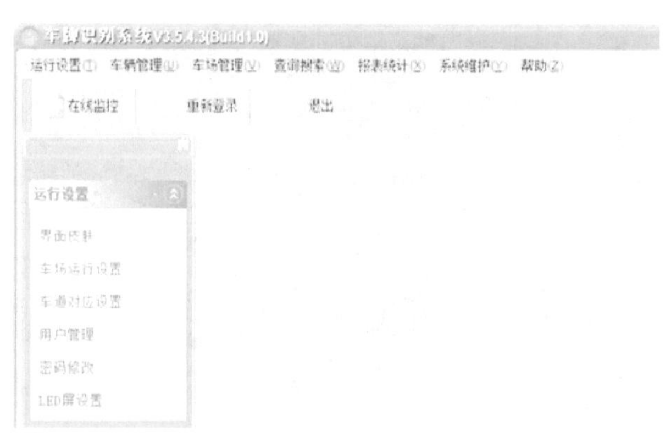

图7-29　程序界面

(三)软件操作

1. 车牌识别设置

车牌识别设置,如图7-30所示。

图7-30 车牌识别设置

“精确匹配”是指完全匹配,即识别到的车牌必须和注册的车牌一致才能进出场。

“首汉字参与识别”是指选择车牌首汉字参与识别(默认不参与识别)。

“脱机开闸”是指启用月卡白名单功能。

“进出场时间限制”是指单通道情况下,为了防止读到尾牌,设置一个合适的等待时间。

2. 固定车设置

联机通行情况下,识别车牌,立即开闸。固定车设置,如图7-31所示。

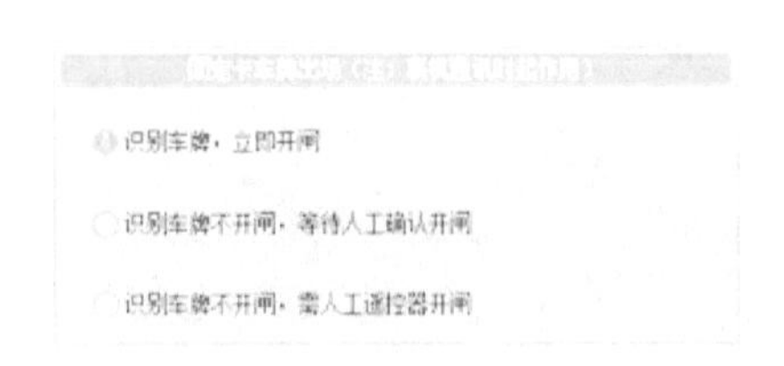

图7-31 固定车设置

3. 车道运行设置

最多管理4个车道,可以设置出入标记、车道名称、车场标记、开闸机号、显示屏型号、显示屏通信方式、显示屏地址、语音板地址、摄像机类型、摄像机IP等信息。网络摄像机可以通过局域网自动搜索来添加,如图7-32所示。

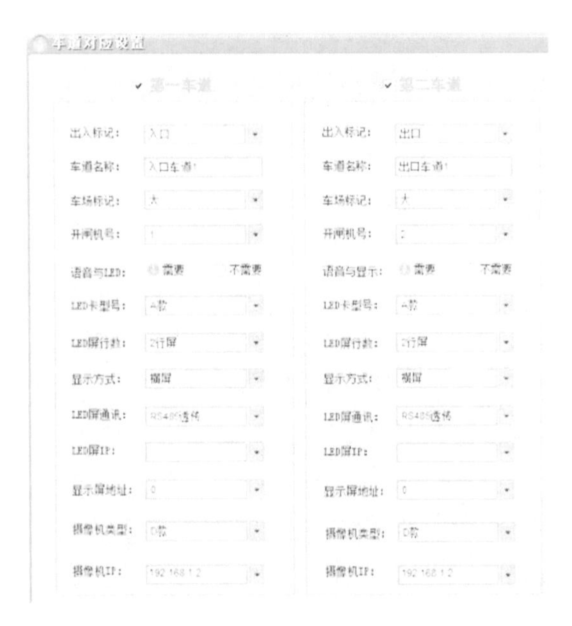

图 7-32 车道运行设置

4. LED 屏设置

可以进行LED屏的显示设置，如图7-33所示。检查摄像机IP是否正确，出入口是否对应，摄像机是否在线。

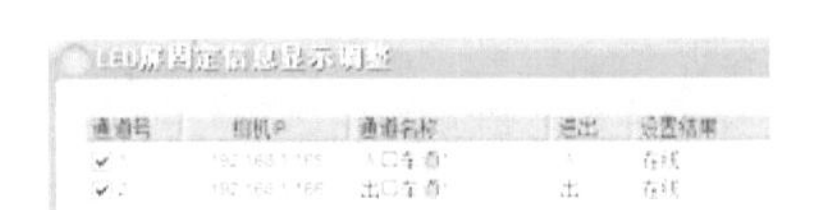

图 7-33 LED 屏的显示设置

根据选择的屏的行数来设置每一行显示的内容、字体颜色(这个要看选择的屏的型号是否支持)、显示方式、显示速度、停留时间等内容，如图7-34所示。

图 7-34 据选择屏的行数来设置每一行内容

5. 车牌管理

(1)车牌录入

固定卡车牌信息。录入车牌时必须保证车牌的格式正确，选择相对应的机号(默认全选)，选择了相应机号车辆就有相对应的进出权限，如图7-35所示。

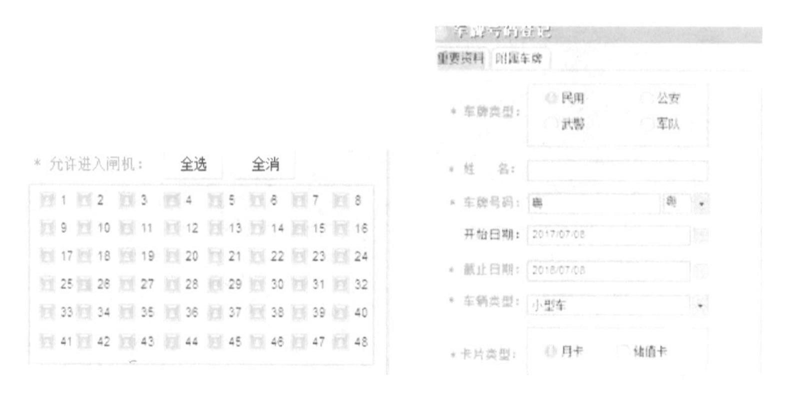

图7-35　录入车牌

可以设置车牌进入不同车场闸机内，即给予其相应的权限，对应于“车道设置”中的机号。

6. 车场管理

(1)在线监控

用来进行固定车牌、临时车牌出入车场时，车辆信息、车场信息、停车时间、收费金额、抓拍图片、手工开关闸等信息的获取，如图7-36所示。

图7-36　在线监控

(2)下载黑白名单

通过设定车牌号码为黑白名单后，摄像机可以自动判断其能否出入场，黑名单拒绝进入,白名单自动开闸,白名单的有效期格式一定要正确,时间必须是24小时。

名单的来源可以通过3种方式获取,新增、发行名单获取和导入文件,如图7-37所示。可以将编辑好的黑白名单下载到指定的摄像机中,也可以将摄像机中现有的黑白名单读取出来。

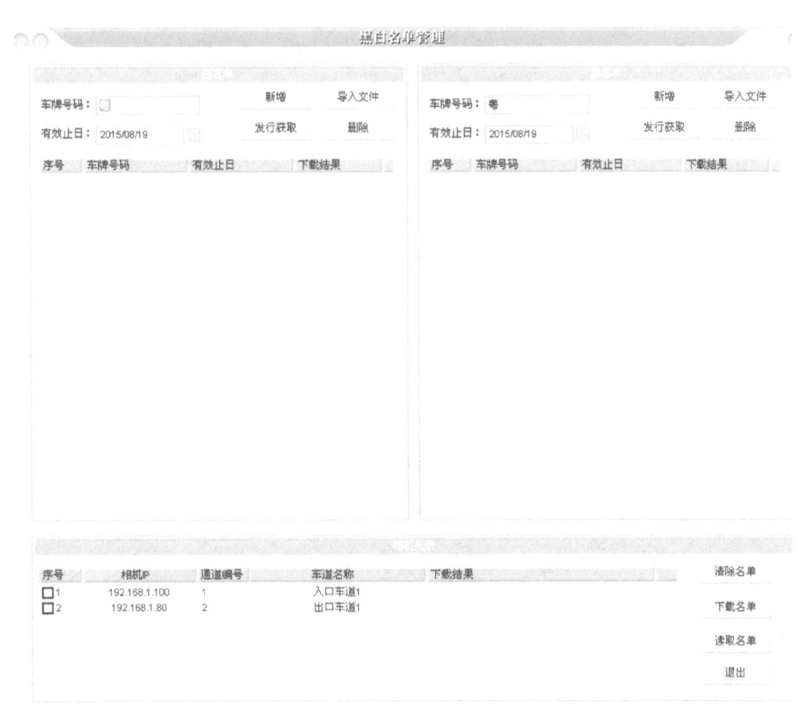

图7-37　名单的来源

四、系统测试

1. 检查车道1或2以及车牌识别摄像机的识别效果。
2. 检查主界面中的监控画面情况。
3. 检查道闸控制情况。

任务评价

任务评价，如表7-3所示。

表7-3 任务评价表

评价项目	任务评价内容	分值	自我评价	小组评价	教师评价
职业素养	遵守实训室规程及文明使用实训器材	10			
	按操作流程规定操作	5			
	纪律、团队协作	5			
理论知识	了解车辆通道门禁系统的基本组成	10			
	了解车牌识别管理系统软件	10			
实操技能	掌握车牌识别门禁控制系统的接线	20			
	掌握车牌识别管理系统的安装	10			
	掌握车牌门禁控制系统的调试	30			
总分		100			
个人总结					
小组总评					
教师总评					

练一练

一、填空题

1. 车牌识别一体机是指把车牌识别功能集成到__________的一体化摄像机，摄像机集车牌识别、__________、__________、__________等功能于一体。

2. 车牌识别一体机主要由车牌识别摄像机、________________、________________、____________以及专业管理软件等组成。

3. 道闸闸机的基本组成部分包括箱体、__________、__________、__________和__________模块。智能自动道闸由箱体、电动机、__________、__________、栏杆、__________等部分组成，集磁、电、机械控制于一体的机电一体化产品。

4. 车辆检测包括车辆检测器和地感线圈，它们组成一个系统，需要一起配合使用，地感线圈作为__________，检测器用于实现数据判断，并输出相应的__________。

5. 车牌识别门禁系统大概可分为标准__________、单通道__________以及单通道__________三种。

6. 车牌识别门禁系统的一个标准基本单元应包括一个完整的__________系统、一个__________系统、一个__________以及__________系统。

二、简答题

1. 简述道闸的分类。

2. 简述智能道闸模块的组成。

3. 简述车牌识别管理系统是如何进行设备配置的。

附录　门禁系统数据库 SQL Server 2005

目前，很多公共场所(车站、图书馆、科技园以及校园等)都采用了智能化的门禁系统，又称出入管理控制系统(ACCESS CONTROL SYSTEM)，是一种管理人员进出的智能化管理系统。特别是车站的自动售检票系统(简称 AFC)，检票机门禁系统一般由控制器、读卡器、感应卡、闸机、综合管理服务器、系统管理工作站、制卡系统等组成，可实行分级管理、电脑联网控制。当旅客通行检票时，门禁系统借助管理服务器数据库进行数据比对，对旅客进行适当级别的权限鉴别，判定其能否通行，并可自动生成各种报表，提供事后的记录信息等，如附录图 1-1 所示，数据库在门禁系统中起到重要作用。

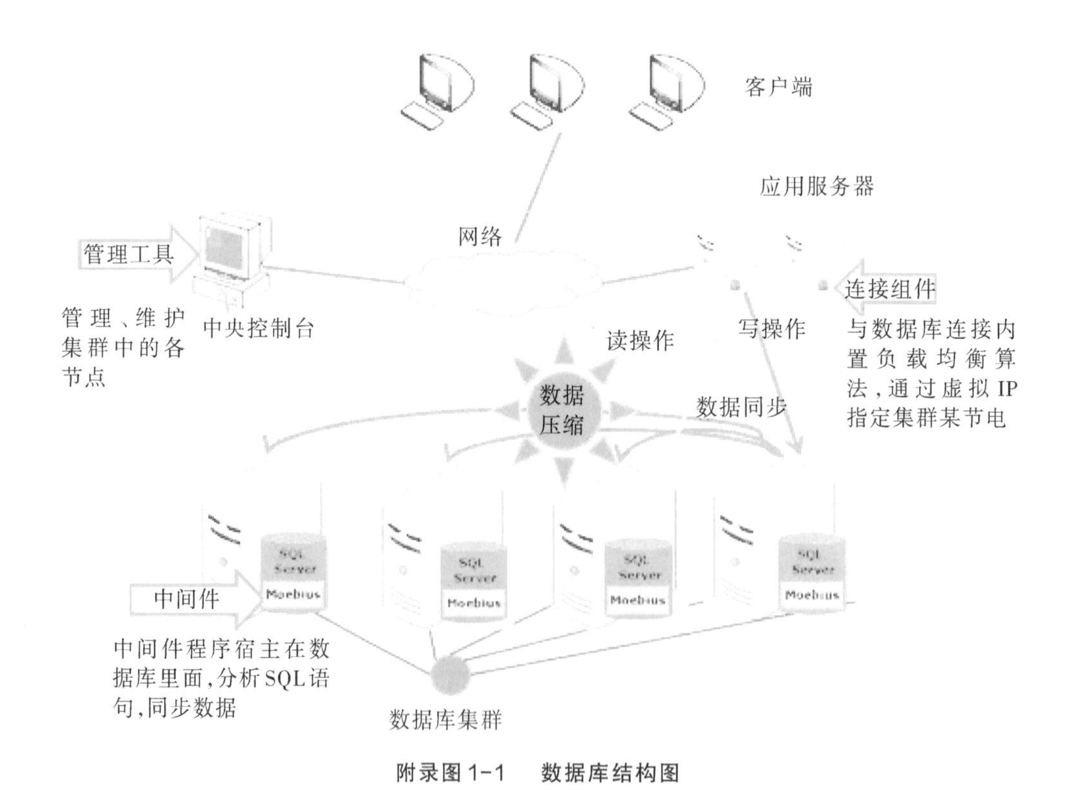

附录图 1-1　数据库结构图

一、SQL Serve数据库

SQL Server数据库是美国Microsoft公司推出的一种关系型数据库系统，它最初是由Microsoft、Sybase和Ashton-Tate三家公司共同开发的。Windows NT推出后，Microsoft将SQL Server移植到Windows NT系统上，并开发推广SQL Server的Windows NT版本。

SQL Server是一个可扩展的、高性能的、为分布式客户机/服务器系统所设计的数据库管理系统，与Windows NT有机结合，提供基于事务的企业级信息管理系统方案。

主要特性有：

(1)高性能设计，可充分利用Windows NT的优势。

(2)系统管理先进，支持Windows图形化管理工具，支持本地和远程的系统管理和配置。

(3)强大的事务处理功能，采用各种方法保证数据的完整性。

(4)支持对称多处理器结构、存储过程、ODBC，并具有自主的SQL语言。

SQL Server以其内置的数据复制功能、强大的管理工具、与Internet的紧密集成和开放的系统结构为广大的用户、开发人员和系统集成商提供一个出众的数据库平台。

SQL语句可以用来执行各种各样的操作，例如更新数据库中的数据，从数据库中提取数据等。目前，绝大多数流行的关系型数据库管理系统，如Oracle、Sybase、Microsoft SQL Server、Access等都采用了SQL语言标准。虽然很多数据库都对SQL语句进行了再开发和扩展，但是包括Select、Insert、Update、Delete、Create以及Drop在内的标准的SQL命令，仍然可以被用来完成几乎所有的数据库操作。

SQL Server 2005是一个全面的数据库平台，使用集成的商业智能(BI)工具提供企业级的数据管理。SQL Server 2005数据库引擎为关系型数据和结构化数据提供了更安全可靠的存储功能，可以构建和管理用于业务的高可用和高性能的数据应用程序。SQL Server 2005结合了分析、报表、集成和通知功能，可以构建和部署经济有效的BI解决方案，帮助您的团队通过记分卡、Dashboard、Web services和移动设备将数据应用推向业务的各个领域。

SQL Server 2008是一个重大的产品版本，它推出了许多新的特性和关键的改进内容，有了新的信息类型，例如图片和视频的数字化，从RFID标签获得的传感器信息，公司数字信息的数量在急剧增长。

二、Windows系统的IIS

IIS是Internet Information Services的缩写，意为互联网信息服务，是由微软公司提供的基于运行Microsoft Windows的互联网基本服务。IIS是一种Web(网页)服务组件，其中包括

Web服务器、FTP服务器、NNTP服务器和SMTP服务器，分别用于网页浏览、文件传输、新闻服务和邮件发送等方面。

IIS 7.0版本及Windows版本对照见附录表1-1。

附录表1-1　IIS 7.0版本及Windows版本对照

IIS版本	Windows版本	备注
IIS 7.0	Windows Vista，Windows Server 2008，Windows 7	系统集成NET 3.5，可支持NET 3.5及以下的版本

三、Windows 7系统IIS 7.0的安装与检查

（1）如附录图1-2所示，依次点击“开始”→“控制面板”→“程序”，选择“打开或关闭Windows功能”。

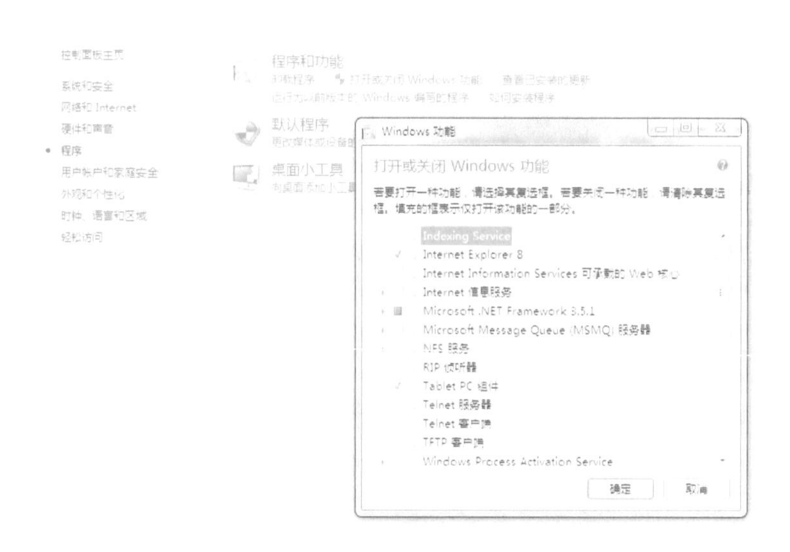

附录图1-2　选择“打开或关闭Windows功能”

（2）如附录图1-3所示，找到“Internet信息服务”，默认是没有钩选的。Web 服务器支持动态内容，需要将“Internet信息服务”分支“FTP服务器”“Web管理工具”“万维网服务”其下分支展开，所有子项全部钩选，使左侧的方框中为“√”。

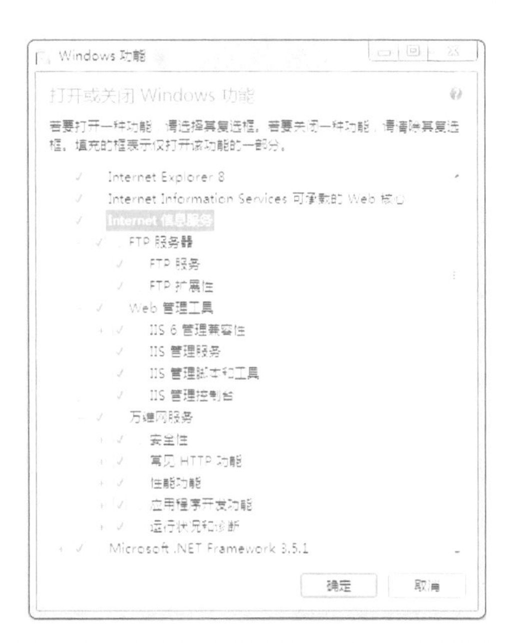

附录图1-3 所有子项全部钩选，使左侧的方框中为“√”

（3）点击“确定”，等待Windows 7 系统完成IIS 7.0的安装。

（4）打开浏览器输入“http://localhost/”，进行Windows 7系统IIS 7.0的检查，IIS 7.0正常如附录图1-4所示。

附录图1-4 Windows 7系统IIS 7.0的检查

三、Windows 7系统SQL Server 2005的安装

选择SQL Server 2005版本，如果是Windows 7/64bit操作系统，打开“SQL Server x64”文件夹；如果是Windows 7/32bit操作系统，打开“SQL Server x86”文件夹。再继续打开“Servers”文件夹，运行里面的“setup.exe”文件。

安装SQL Server 2005时,可能会多次遇到提示兼容性问题的情况,此时不用理会,直接点击“运行程序”即可。

(1)如附录图1-5所示,打开安装主界面,选中“接受许可条款和条件”,点击“下一步”。

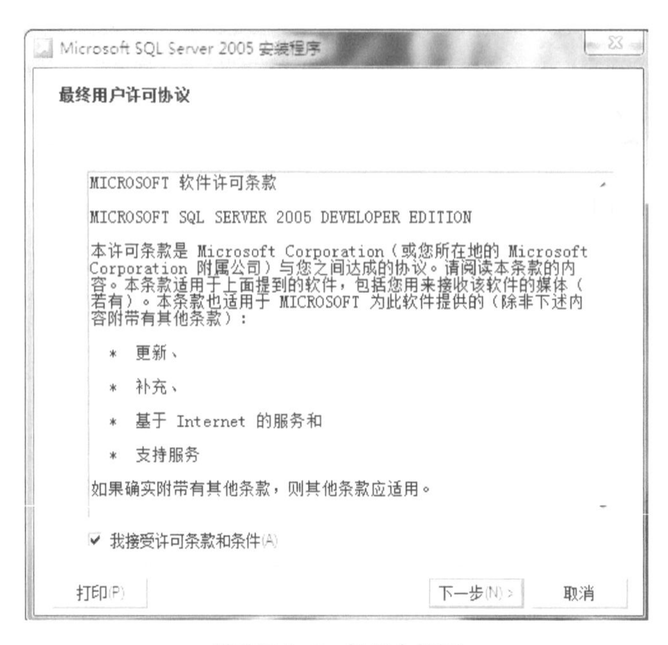

附录图1-5　打开主界面

(2)如附录图1-6所示,安装必备组件后,点击“下一步”。

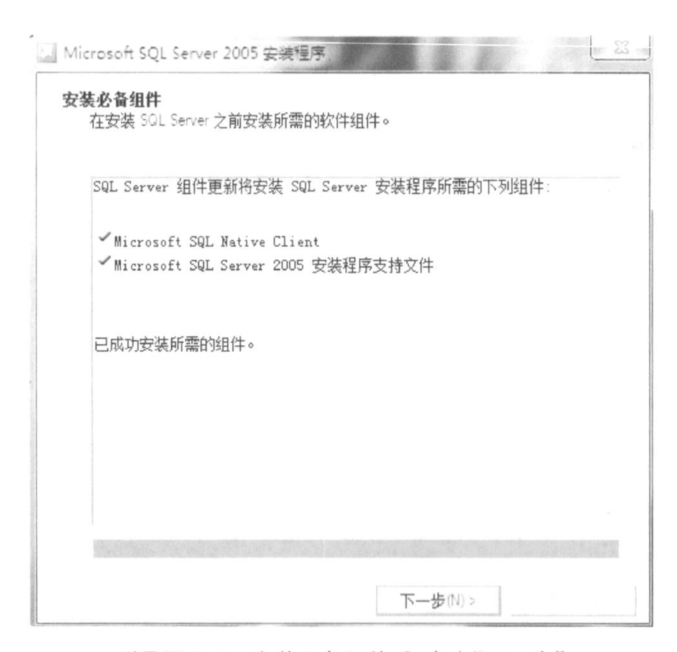

附录图1-6　安装必备组件后,点击“下一步”

（3）如附录图1-7所示，等待系统配置检查完成，达到14项成功后，点击“下一步”。

Microsoft SQL Server 2005 安装程序

系统配置检查
请等待，正在检查系统中是否有潜在的安装问题。

成功　14 总计　14 成功　0 错误　0 警告

详细信息(D)：

操作	状态	消息
最低硬件要求	成功	
IIS 功能要求	成功	
挂起的重新启动要求	成功	
性能监视器计数器要求	成功	
默认安装路径权限要求	成功	
Internet Explorer 要求	成功	
COM+ 目录要求	成功	
ASP.Net 版本注册要求	成功	
MDAC 版本的最低要求	成功	

筛选(T)　报告(R)

帮助(H)　下一步(N) >

附录图1-7　等待系统配置检查完成且达到14项成功后，点击“下一步”

（4）如附录图1-8所示，输入“姓名”和“公司”名称（可不填），然后点击“下一步”。

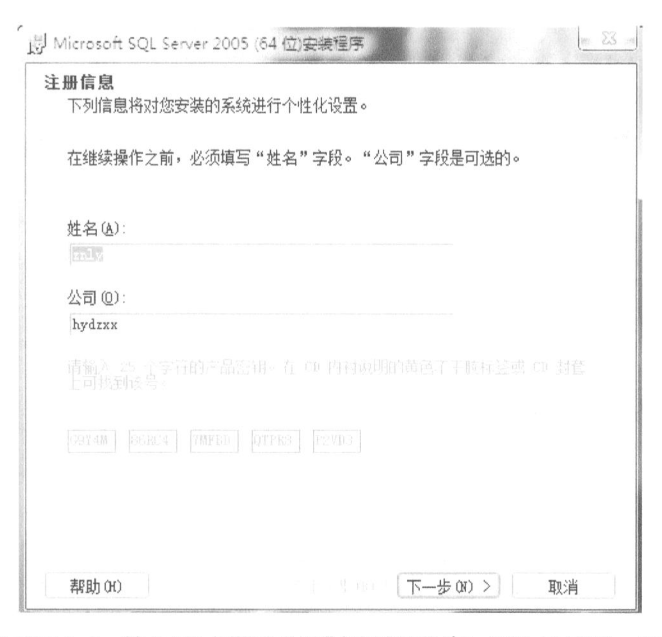

附录图1-8　输入“姓名”和“公司”名称（可不填），然后点击“下一步”

(5)如附录图1-9所示,将左边要安装的组件打钩,然后点击"下一步"。

Microsoft SQL Server 2005 (64 位)安装程序
要安装的组件
请选择要安装或升级的组件。
SQL Server Database Services (S)
创建 SQL Server 故障转移群集
Analysis Services (A)
创建分析服务器故障转移群集
Reporting Services (R)
Notification Services (O)
Integration Services (I)
工作站组件、联机丛书和开发工具 (W)
请单击"高级"查看更多选项。
高级 (D)
帮助 (H)
< 上一步 (B)
下一步 (N) >
取消

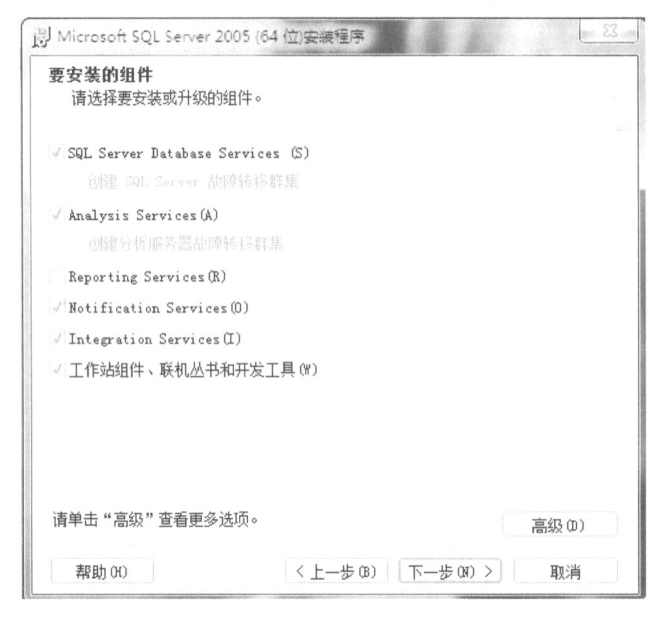

附录图1-9　将左边要安装的组件打钩,再点击"下一步"

(6)如附录图1-10所示,选择"默认实例",点击"下一步"。

Microsoft SQL Server 2005 (64 位)安装程序
实例名
您可以安装默认实例,也可以指定一个命名实例。
请提供实例名称。对于默认系统,请单击"默认实例",然后再单击"下一步"。若要升级现有默认实例,请单击"默认实例"。若要升级现有命名实例,请选择"命名实例",然后指定实例名称。
默认实例 (D)
命名实例 (A)
帮助 (H)
< 上一步 (B)
下一步 (N) >
取消

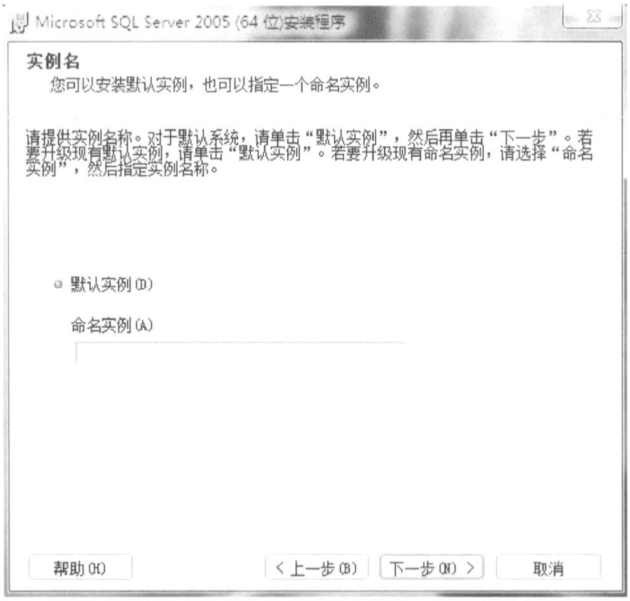

附录图1-10　选择"默认实例",点击"下一步"

(7)如附录图1-11所示,选择"使用内置系统账户",然后点击"下一步"。

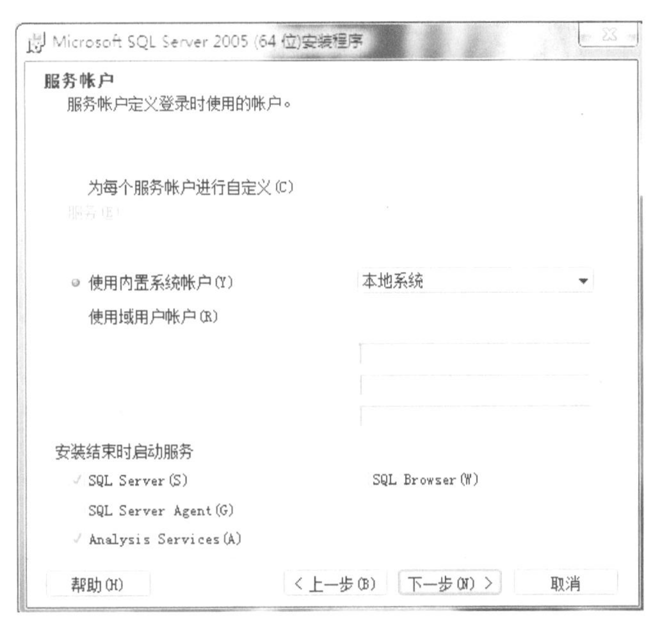

附录图1-11 选择"使用内置系统账户",再点击"下一步"

(8)如附录图1-12所示,默认"Windows 身份验证模式",点击"下一步"。

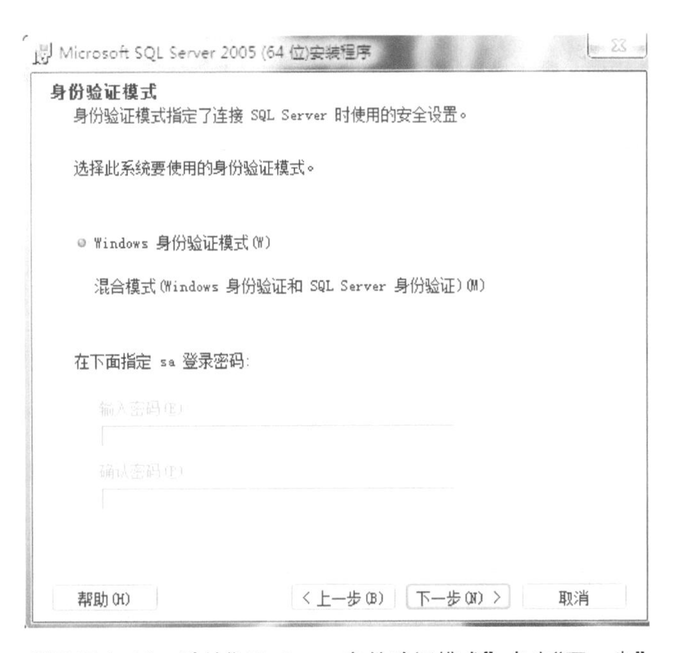

附录图1-12 默认"Windows 身份验证模式",点击"下一步"

（9）如附录图1-13所示，默认“排序规则设置”，点击“下一步”。

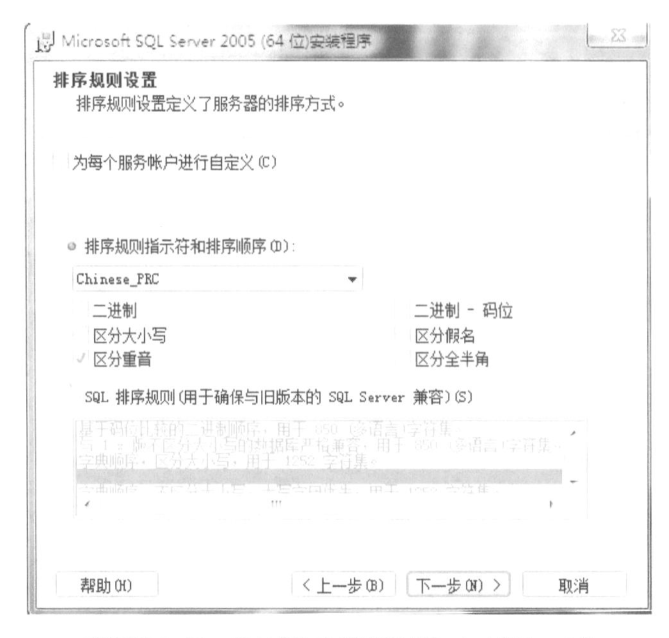

附录图1-13　默认“排序规则设置”，点击“下一步”

（10）如附录图1-14所示，默认“错误和使用情况设置”，点击“下一步”。

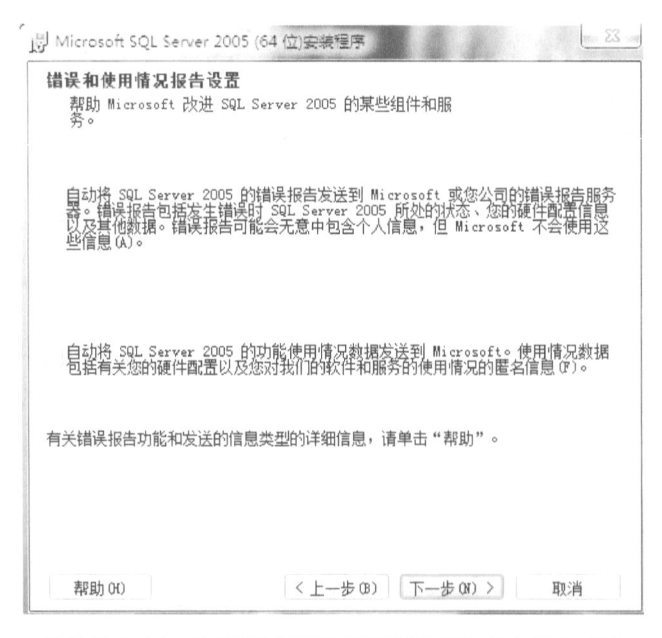

附录图1-14　默认“错误和使用情况设置”，点击“下一步”

(11)如附录图1-15所示,点击“安装”按钮。

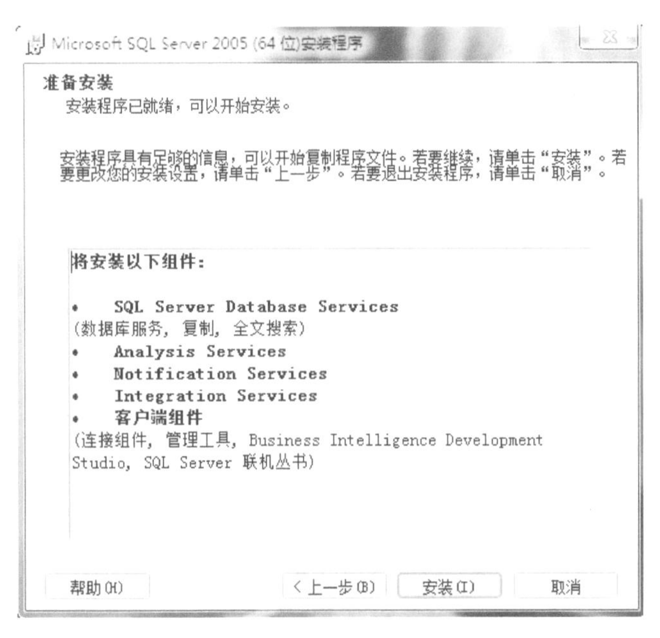

附录图1-15　点击“安装”按钮

(12)如附录图1-16所示,等待安装进度,安装完成后,点击“下一步”。

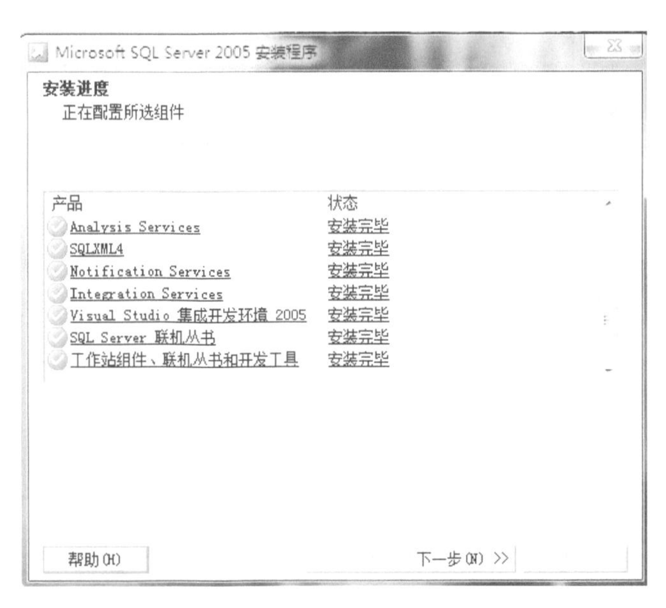

附录图1-16　安装完成后,点击“下一步”

(13)如附录图1-17所示,点击“完成”,SQL Server 2005安装完成。

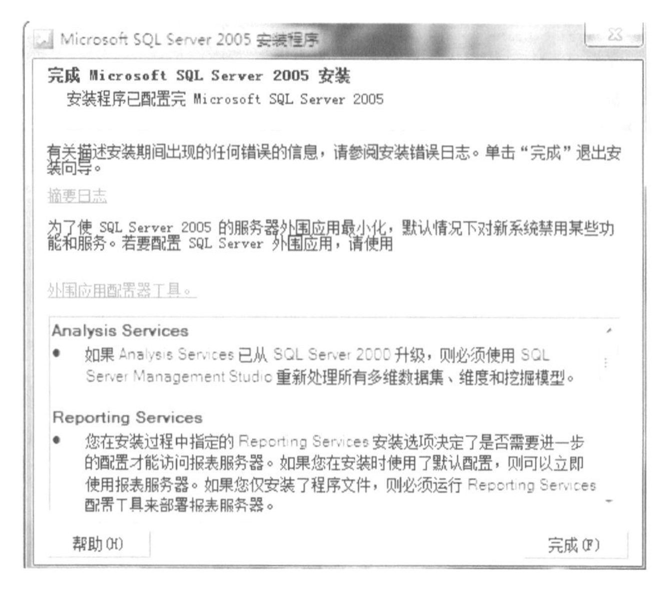

附录图1-17　点击“完成”

三、门禁系统SQL Server数据库的配置

门禁系统SQL Server数据库的配置,如附录图1-18所示。

附录图1-18　门禁系统SQL Server数据库的配置

SQL Server 2005安装完成后，需要进行适当的配置，才能使“SQL Server身份验证”的sa用户正常使用。否则，门禁软件数据库管理系统连接SQL Server 2005数据库时，会出现“sa用户登录失败”的提示。下面进行SQL Server 2005身份验证登录的简单配置。

(1)如附录图1-18所示，开始→Microsoft SQL Server 2005→配置工具

(2)如附录图1-19所示，打开“SQL Server Configuration Manager”进行SQL Server配置管理器(本地)，选择要启动的服务“SQL Server(MSSQLSERVER)”，服务类型SQL Server，然后右键“启动”。如果要更改启动模式，右键后选择属性→服务→启动模式，这样就完成了服务启动。

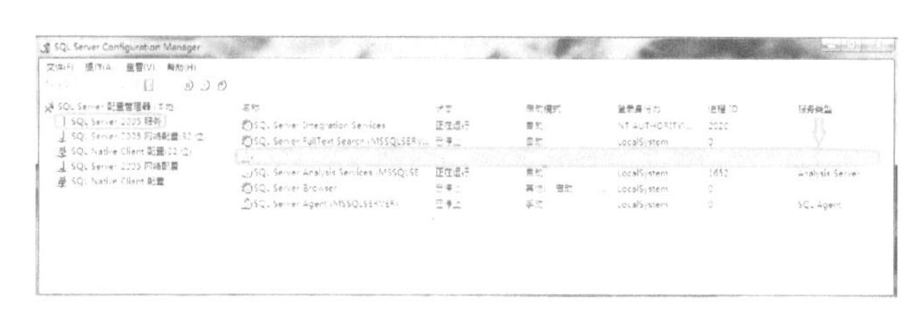

附录图1-19　完成服务启动

(3)以管理员身份登录服务器。安装SQL Server 2005后，一般是以Windows身份认证的形式登录的。如附录图1-20所示，开始→Microsoft SQL Server 2005→SQL Server Management Studio，选择右键，以管理员身份运行，否则登录失败，也创建不了数据库。

附录图1-20　登录服务器

(4)如附录图1-21所示，展开左边服务器znly-pc树形框，选择安全性\登录名\sa，右键点击，选择“属性”。

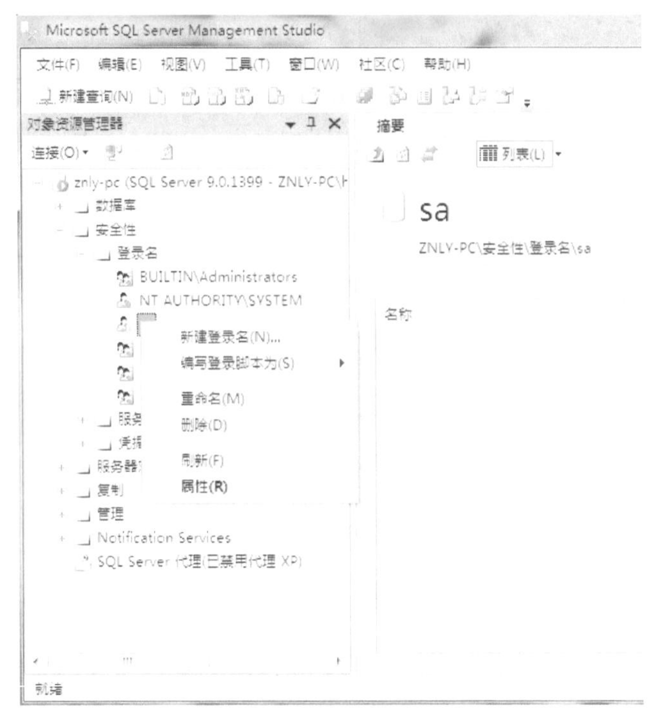

附录图 1-21　选择“属性”

(5)如附录图1-22所示,将“强制实施密码策略”前面的钩去掉,密码和确认密码均为sa(可以随意设定)。

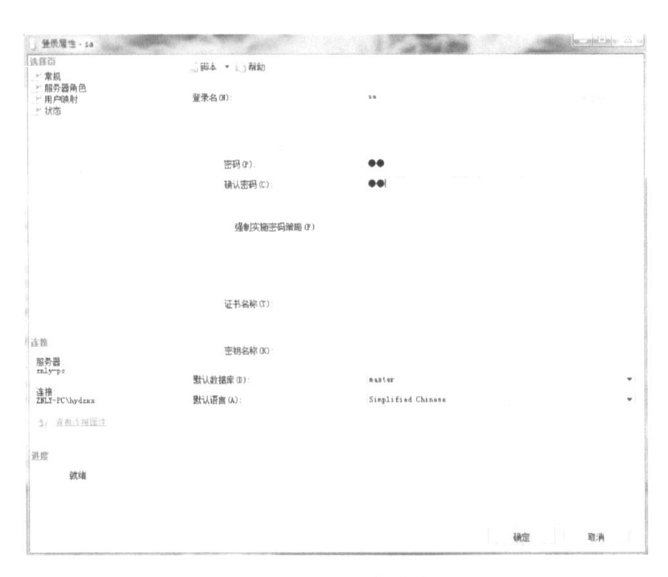

附录图 1-22　确认密码

(6)如附录图1-23所示,点击左上角的“状态”选项,在“登录”那里选择“启用”,然后点击“确定”按钮。

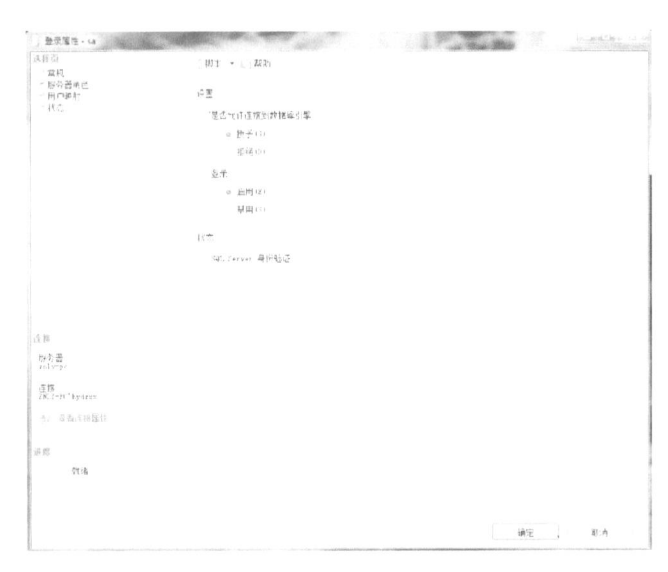

附录图1-23 在“登录”那里选择“启用”

(7)如附录图1-24所示,选择左边树形框服务器znly-pc,右键点击,选择“属性”。

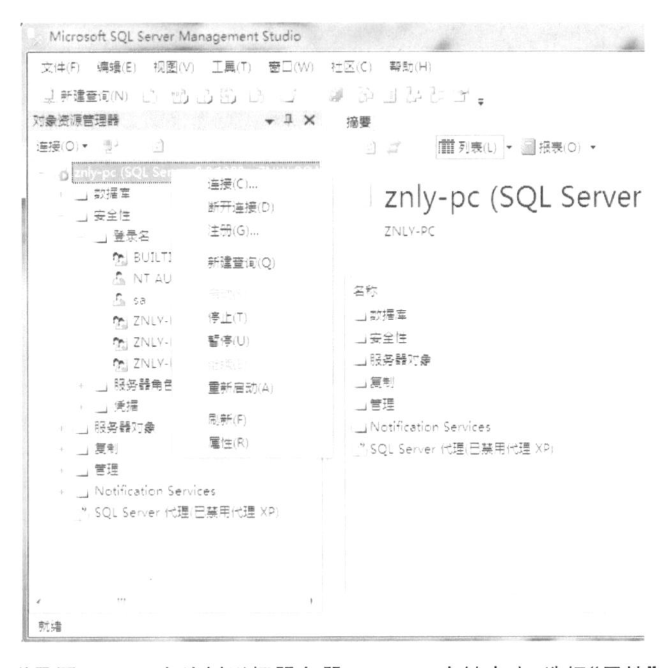

附录图1-24 左边树形框服务器znly-pc,右键点击,选择“属性”

(8)如附录图1-25所示,点击左边“安全性”选项,选中右边“SQL Server和Windows身份验证模式”,点击“确定”。

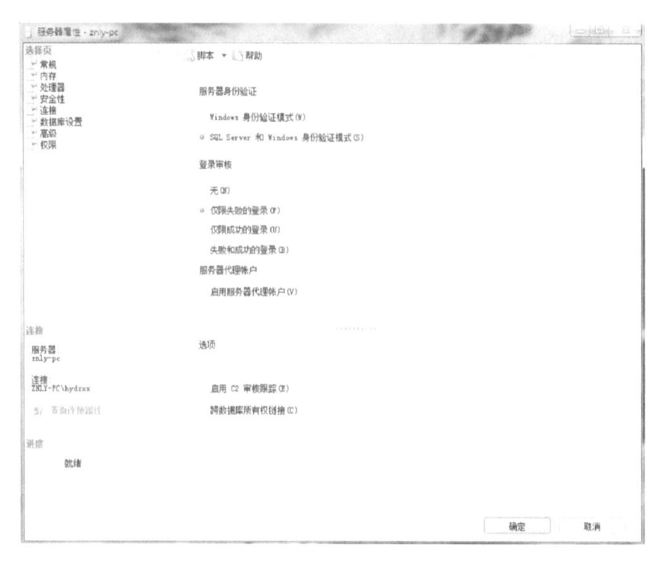

附录图1-25　选中右边“SQL Server和Windows身份验证模式”,点击“确定”

(9)如附录图1-26所示,在弹出的对话框中,重启SQL Server后生效,点击“确定”。

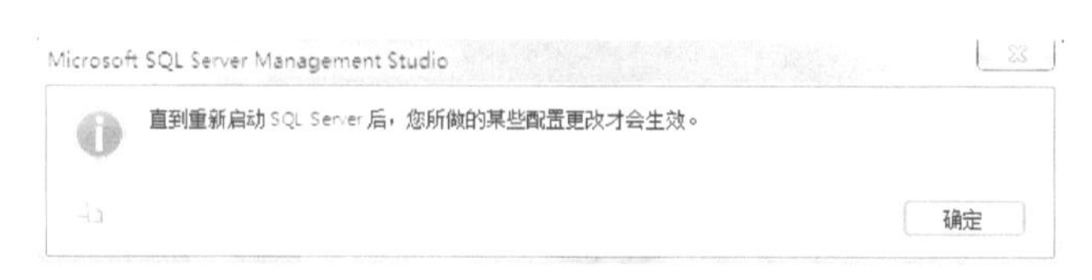

附录图1-26　重启SQL Server后生效,点击“确定”

(10)如附录图1-27所示,重新启动SQL Server Management Studio,选择“SQL Server身份验证”,并输入用户名和密码均为sa后,点击“连接”按钮。

附录图1-27　输入用户名和密码

(11)如附录图1-28所示，如果无法连接服务器，出现连接失败的提示，则继续使用"Windows身份验证"模式连接服务器，右键点击服务器名称，选择"重新启动"，启动完成后关闭SQL Server Management Studio，再重复第10步操作。

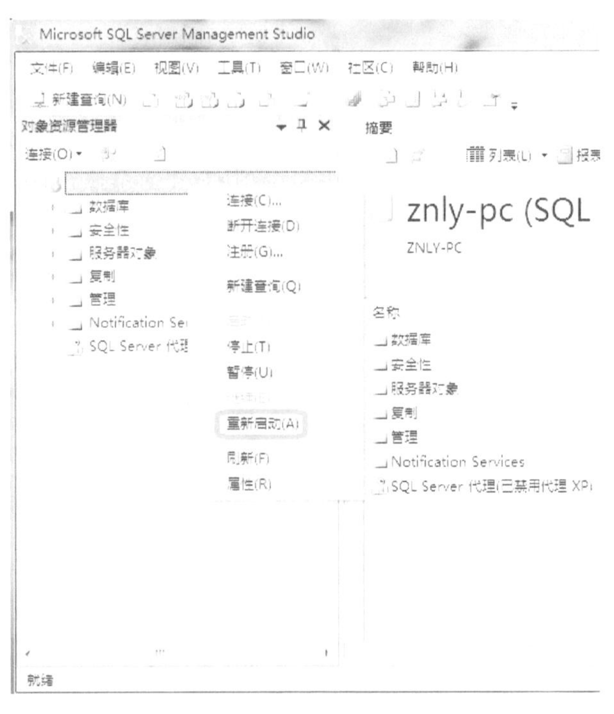

附录图1-28　选择"重新启动"

(12)如附录图1-29所示，打开"开始→程序→Microsoft SQL Server 2005→配置工具→SQL Server外围应用配置器"，选择"服务和链接的外围应用配置"。

附录图1-29　选择"服务和链接的外围应用配置"

(13)如附录图1-30所示,选择"MSSQLSERVER→Database Engine→远程连接",连接方式改为"本地连接和远程连接(R)","同时使用TCP/IP和named pipes(B)"。

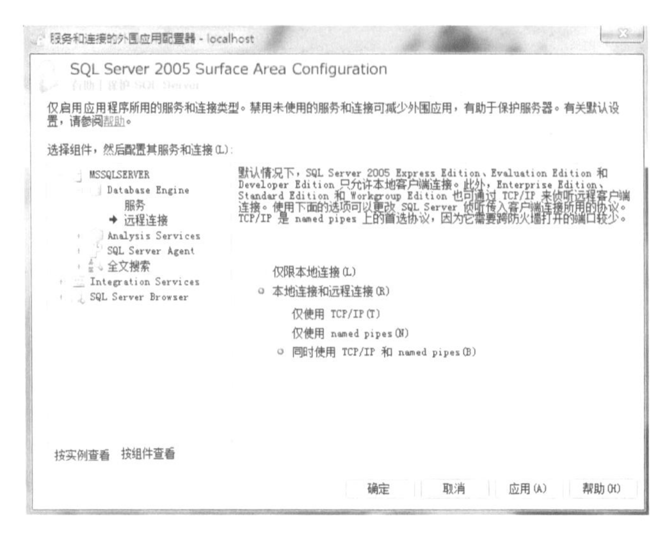

附录图1-30 选择"MSSQLSERVER→Database Engine→远程连接"

(14)如附录图1-31所示,全部属性改完后关闭SQL Server Management Studio,再重新启动。

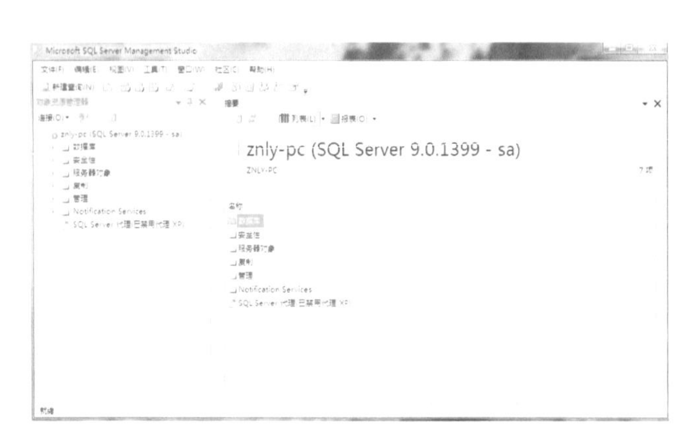

附录图1-31 重启SQL Server Management Studio

五、门禁系统软件与SQL Server 2005数据库的连接

(1)如附录图1-32所示,为"一卡通管理软件"附加数据库,点击数据库右键"附加"。

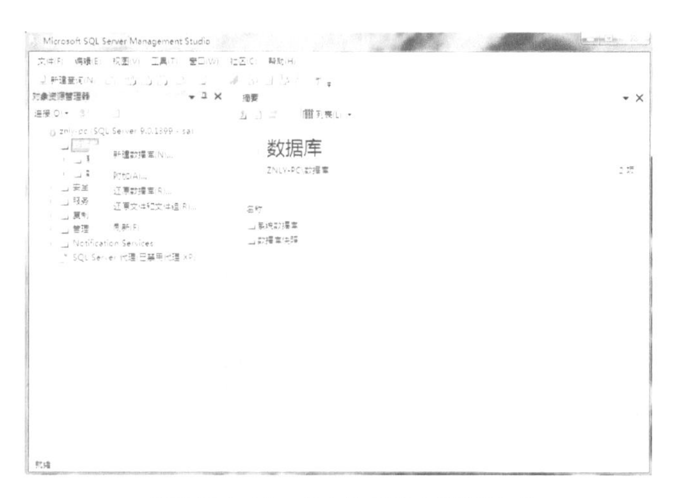

附录图1-32　点击数据库右键“附加”

(2)如附录图1-33所示,在弹出的窗口中选择“添加”按钮,找到“一卡通管理软件”数据库原文件xn_mk mdf,附加数据库名称xn_mk。

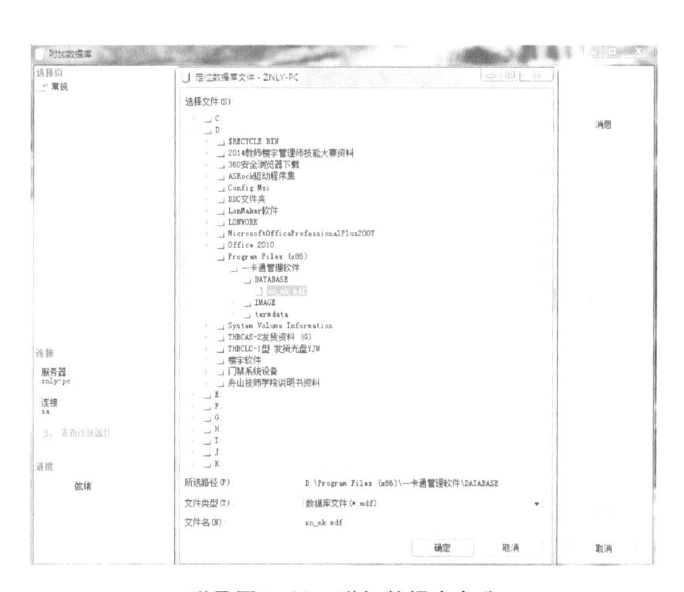

附录图1-33　附加数据库名称

(3)如附录图1-34所示,点击“确定”按钮。

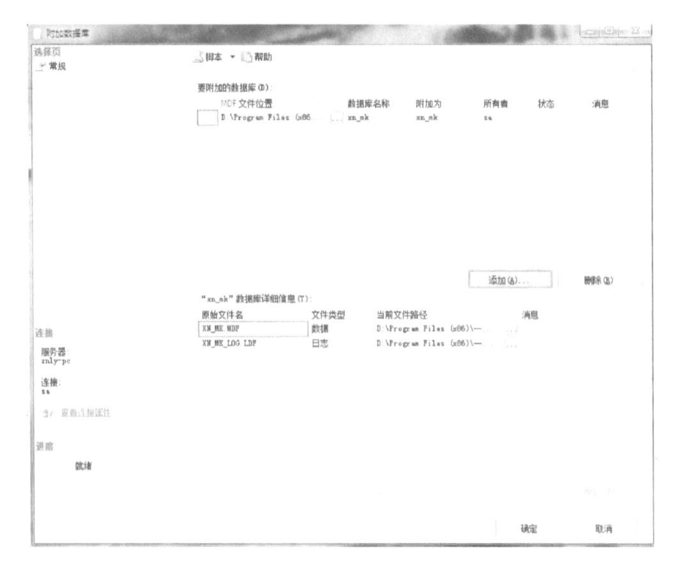

附录图 1-34　点击"确定"按钮

(4)如附录图 1-35 所示,成功附加 xn_mk 数据库。

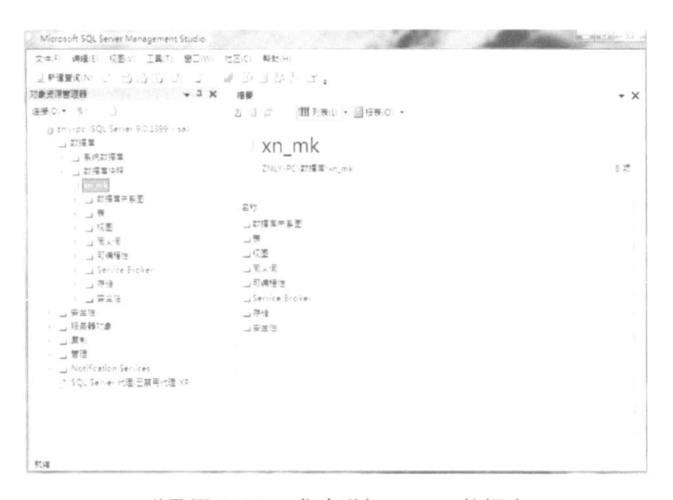

附录图 1-35　成功附加 xn_mk 数据库

一、填空题

1. SQL Server 数据库是一种__________数据库系统,它最初是由__________、__________和__________三家公司共同开发的。

2. IIS 是______________________________的缩写,意为______________,是由微软公司提供的基于运行 Microsoft Windows 的互联网基本服务。

3. IIS是一种Web(网页)服务组件,其中包括Web服务器、__________服务器、__________服务器和__________服务器,分别用于网页浏览、文件传输、新闻服务和邮件发送等方面。

二、简答题

1. 简述SQL Server数据库的特点。

2. 简述SQL Server与Windows IIS 7.0有什么关系,如何进行Windows IIS 7.0的检测。

3. 简述SQL Serve 2005数据库如何进行配置。

参考文献

[1]芦乙蓬．视频监控与安防技术[M]．北京:中国劳动社会保障出版社,2013.

[2]吕景泉．楼宇智能化系统安装与调试[M]．北京:中国铁道出版社,2011.

[3]张玲,刘蕊．安全防范技术与应用[M]．北京:机械工业出版社,2014.

[4]一卡通管理系统V5.7使用说明书[Z]．广州:广州蓝本电子科技有限公司,2014.

[5]门禁管理软件安装使用说明书[Z]．广州:广州蓝本电子科技有限公司,2017.

[6]门禁通道管理系统安装使用说明书[Z]．广州:广州蓝本电子科技有限公司,2017.

[7]慧锐通对讲主机操作手册[M]．深圳:深圳市慧锐通智能股份有限公司,2014.

[8]数字社区管理系统安装使用说明书[Z]．深圳:深圳市慧锐通智能股份有限公司,2014.

[9]人脸识别管理系统安装使用说明书[Z],杭州:杭州博志科技有限公司,2019.

[10]车辆识别管理系统安装使用说明书[Z],杭州:杭州博志科技有限公司,2019.